Les Éditions du Boréal
4447, rue Saint-Denis
Montréal (Québec) H2J 2L2
www.editionsboreal.qc.ca

Nanotechnologies et Société

DU MÊME AUTEUR

L'Empire cybernétique. Des machines à penser à la pensée machine, Seuil, 2004.

La Société postmortelle. La mort, l'individu et le lien social à l'ère des technosciences, Seuil, 2008.

Céline Lafontaine
avec la collaboration de Daphné Esquivel Sada,
Mathieu Noury et Sébastien Richard

Nanotechnologies et Société

*Enjeux et perspectives :
entretiens avec des chercheurs*

Boréal

© Les Éditions du Boréal 2010
Dépôt légal : 1er trimestre 2010
Bibliothèque et Archives nationales du Québec

Diffusion au Canada : Dimedia
Diffusion et distribution en Europe : Volumen

*Catalogage avant publication de Bibliothèque et Archives nationales du Québec
et Bibliothèque et Archives Canada*

Lafontaine, Céline, 1970-

    Nanotechnologies et société : enjeux et perspectives : entretiens avec des chercheurs

    Comprend des réf. bibliogr.

    ISBN 978-2-7646-2022-9

    1. Nanotechnologie – Aspect social. 2. Technologie et civilisation. 3. Sciences – Aspect social. 4. Chercheurs – Entretiens. I. Titre.

T174.7.L33   2010   303.48'3   C2010-940324-X

Remerciements

Ce livre est le résultat d'une série d'entretiens avec des chercheurs québécois en nanotechnologies, dans le cadre d'une recherche subventionnée par le Fonds de recherche sur la société et la culture (FQRSC) et le Conseil de recherches en sciences humaines du Canada (CRSH). Fruit d'un travail collectif, la présente analyse n'aurait pas été possible sans la collaboration intellectuelle de mes étudiants au doctorat, Daphné Esquivel Sada, Mathieu Noury et Sébastien Richard, qui ont contribué à la documentation de cet ouvrage. Il me faut aussi souligner le travail de retranscription des entretiens, effectué en partie par Michèle Robitaille, ainsi que la révision du manuscrit par Sylvie Martin. Sans la participation des chercheurs qui nous ont, à Daphné Esquivel Sada et à moi-même, ouvert la porte de leur bureau et qui ont répondu à nos questions, ce projet n'aurait jamais pu voir le jour. Je tiens donc à remercier très chaleureusement tous ces chercheurs pour leur générosité et leur temps :

Mario Jolicœur, École Polytechnique

Richard Martel, Université de Montréal

Patrick Desjardins, École Polytechnique

Daniel Bélanger, UQAM

Peter Grütter, Université McGill

Pierre Carreau, École Polytechnique

Sylvain Martel, École Polytechnique

Maurice Boissinot, Université Laval

Jean-Christophe Leroux, Université de Montréal

Mohamed Chaker, INRS

Maryam Tabrizian, Université McGill

Suzanne Giasson, Université de Montréal

Natalie Faucheux, Université de Sherbrooke

Patrick Vermette, Université de Sherbrooke

Jay Louise Nadeau, Université McGill

Françoise Winnik, Université de Montréal

Federico Rosei, INRS

David Juncker, Université McGill

Diego Mantovani, Université Laval

Freddy Kleitz, Université Laval

Si je tiens à exprimer ma reconnaissance à l'égard de ceux qui ont permis la réalisation de ce livre, je demeure entièrement responsable des analyses qui y sont présentées.

Introduction

Chaque jour, les médias font état des promesses et des enjeux soulevés par les avancées technoscientifiques. Qu'il soit question d'Internet et des nouvelles technologies de l'information, du génie génétique, du clonage, des OGM, de la conquête spatiale ou des nanotechnologies, les technosciences sont au cœur des mutations économiques, sociales et culturelles du monde contemporain. Loin d'être le résultat d'un processus évolutif indépendant du contexte sociohistorique, elles sont, tant dans leurs applications que dans leur fonctionnement institutionnel, traversées par des logiques économiques, sociales et culturelles. À la fois fruit et moteur des sociétés modernes, elles transforment autant nos conditions matérielles que nos façons de concevoir le monde et de nous concevoir nous-mêmes. Après la révolution informatique et celle du génie génétique, nous voilà donc face à de nouveaux bouleversements technoscientifiques apportés par les nanotechnologies, soit par la conquête de l'infiniment petit. L'ampleur des investissements à l'échelle internationale et des mutations technoscientifiques annoncées laisse croire que les nanotechnologies sont porteuses d'un potentiel révolutionnaire inégalé à ce jour. Ambitionnant de « façonner le monde atome par atome[1] », les nanotechnologies cumulent en fait l'ensemble des avancées scientifiques et techniques des cinquante dernières années. Héritières de la physique quantique, de la chimie, de l'informatique, de l'électronique, de la biologie moléculaire et du génie génétique, elles procèdent d'une volonté de manipuler la matière à l'échelle des atomes et des molécules. Créer des matériaux aux propriétés inédites, trouver de nouveaux supports informatiques, fabriquer des dispositifs pharmaceutiques plus performants, reprogrammer des cellules endommagées du corps humain : la liste des applications possibles ne cesse de s'accroître ainsi que celle des produits déjà présents sur le marché[2].

Au-delà de leurs multiples applications réelles ou virtuelles, les nanotechnologies annoncent non seulement une nouvelle façon de concevoir et de manipuler la matière, mais un nouveau mode d'organisation de la recherche et du rapport entre science, économie et société. L'étendue des domaines de recherche qui logent désormais sous cette appellation montre bien qu'il s'agit d'un phénomène global dont les enjeux recoupent l'ensemble des progrès technoscientifiques. Fondées sur un modèle de contingence et de regroupement interdisciplinaire, les nanotechnologies constituent en quelque sorte l'idéal type des technosciences contemporaines. Autrement dit, l'analyse sociologique du phénomène *nano* permet de dégager les enjeux sociaux, politiques et économiques des avancées technoscientifiques, mais aussi d'entrevoir les présupposés épistémologiques et les ressorts idéologiques qui les sous-tendent. Même si elles possèdent, comme on le verra, un caractère générique, les nanotechnologies présentent une singularité épistémologique dont les contours demeurent encore largement inconnus, notamment en ce qui concerne les effets possibles d'un déploiement technique à l'échelle nanométrique. La rapidité avec laquelle les autorités scientifiques, politiques et économiques ont mis sur pied des plans stratégiques visant à promouvoir les nanotechnologies et à orienter en ce sens de nombreux programmes de recherche suscite un questionnement quant aux enjeux et aux risques qu'entraîne un pareil déploiement d'énergie et de ressources. Glorifiées par les promoteurs, dénoncées par des groupes de citoyens et des militants écologistes, les nanotechnologies font désormais partie de notre paysage politique. Alors que s'amorce le débat public et que les questions s'amoncellent au sujet des risques liés à la conquête de l'infiniment petit, rares sont les analyses sociologiques qui proposent un portrait d'ensemble du phénomène. L'objectif de ce livre est précisément de présenter de manière synthétique les contours historiques, épistémologiques, politiques et économiques du phénomène *nano,* à partir du point de vue de vingt chercheurs de haut niveau œuvrant dans ce domaine.

Questions de méthode

Convaincue que la sociologie critique ne peut en aucun cas faire l'économie d'une prise en compte de la complexité et de l'équivocité des phénomènes humains, j'ai jugé essentiel d'aborder la question des enjeux sociaux de la « révolution » nanotechnologique en me référant à ses principaux acteurs, soit les chercheurs eux-mêmes. À la suite de l'obtention de subventions de recherche du CRSH et du FQRSC, j'ai entrepris à l'été 2006 une série d'entretiens avec les chercheurs les plus en vue dans le domaine des nanotechnologies au Québec. Cette série d'entretiens a été complétée par mon étudiante, Daphné Esquivel Sada, au cours de l'été 2007. Même si la liste des vingt chercheurs qui ont participé à ces entretiens figure dans les remerciements, il convient de donner quelques précisions quant à leur sélection. Afin de prendre toute la mesure du développement des nanotechnologies au Québec, j'ai sélectionné des chercheurs reconnus comme des pionniers et des chefs de file dans leur domaine. Certains, comme Patrick Desjardins, Peter Grütter et Mohamed Chaker, ont participé activement à la création de NanoQuébec. Plus de la moitié des chercheurs interrogés sont titulaires d'une Chaire de recherche du Canada, ce qui leur confère un statut de leaders dans le champ de la recherche universitaire. Dans le but d'obtenir un échantillon représentatif du milieu de la recherche au Québec, nous avons rencontré des chercheurs qui se situent à différents stades de leur carrière, en incluant cinq femmes, même s'il s'agit d'un domaine essentiellement masculin. Afin de bien représenter le caractère hautement interdisciplinaire des recherches en nanotechnologies, les chercheurs rencontrés proviennent de multiples horizons disciplinaires, et leurs programmes de recherche explorent des secteurs aussi divers que l'industrie des matériaux, la microélectronique, la pharmaceutique et la recherche biomédicale. Pour obtenir des détails précis sur les programmes de recherche en nanotechnologies au Québec, le lecteur peut consulter la liste fournie sur le site de NanoQuébec[3].

À la suite d'une analyse des discours publics québécois et canadiens en matière de nanotechnologies[4], j'ai pu identifier un certain nombre de thèmes récurrents à partir desquels j'ai élaboré une liste de questions ouvertes destinées aux chercheurs. Structurés en partant de considérations générales (trajectoire professionnelle, travaux de recherche), les entretiens débutaient par des questions d'ordre épistémologique portant sur la définition même des nanotechnologies, le rapport entre science et science-fiction, l'hybridation et la redéfinition des frontières entre nature et artifice, ainsi que le rapport entre science et technique. La seconde partie des entretiens abordait des questions directement liées à l'organisation de la recherche, au lien entre université et industrie et à l'interdisciplinarité. Enfin, les entretiens se terminaient par des questions relatives aux implications militaires des nanotechnologies ainsi qu'aux enjeux sociaux et éthiques. Afin que le lecteur puisse bien saisir les diverses couches de réalité que recouvre le phénomène *nano*, l'ordre des chapitres du livre respecte la structure des entretiens. D'une durée d'environ trois heures, chaque entretien a fait l'objet d'une retranscription littérale. Les témoignages ont par la suite été répartis et analysés en fonction des thèmes. Dans le but d'éviter les redondances et les ruptures de sens, seules les citations les plus significatives du point de vue de l'ensemble ont été retenues. Pour des raisons d'intelligibilité, les citations ont été adaptées à la langue écrite, tout en conservant le ton direct de l'oral. Pour respecter l'anonymat, seule garante d'une véritable liberté de parole, chaque chercheur s'est vu attribuer un nom fictif.

En tant que groupe professionnel, les chercheurs en nanotechnologies ne forment pas une communauté homogène parlant d'une seule et même voix. D'un chercheur à l'autre, d'une discipline à l'autre, les opinions divergent, les perspectives critiques se contredisent, l'adhésion aux plans stratégiques imposés par les gouvernements s'affirme avec plus ou moins d'ardeur. Loin de présenter un point de vue univoque sur l'essor des nanotechnologies, les chercheurs se montrent tantôt nuancés et tantôt critiques, tantôt enthousiastes et tantôt inquiets. À mille lieux des perspectives catastrophistes qui présentent la logique technoscientifique comme un phénomène déshumanisé s'imposant de l'extérieur à la société, la prise en compte de la position des chercheurs montre à quel point les technosciences sont traversées de part en part par des logiques politiques, économiques et sociales, à quel point elles sont indissociables de notre univers culturel, bref, à quel point elles sont humaines. Il ne s'agit pas de nier la logique de contrôle et de puissance portée par les nanotechnologies, mais plutôt de replacer ces dernières dans leur contexte sociologique afin d'en saisir la complexité. Contrairement à ce qui, au premier regard, pourrait sembler une tentative de relativiser les enjeux et les risques liés au développement des nanotechnologies, la prise en compte du point de vue des chercheurs donne plus de poids à l'analyse critique de ce phénomène. À travers leurs propos, leurs hésitations, leurs ambitions et leurs inquiétudes, les chercheurs dévoilent la part d'ombre, d'incertitude, de risque et de mensonge que recèle la révolution *nano*. Analysée de l'intérieur, l'organisation technoscientifique révèle ses promesses et ses réussites, mais aussi sa fragilité et ses limites. En ce sens, la prise en compte sociologique du point de vue des chercheurs en nanotechnologies ouvre la voie au débat public.

CHAPITRE I

L'univers *nano*. Les enjeux d'une définition

> *C'est ça, le problème, c'est que le discours nano est générique. Ce n'est pas un secteur, ce n'est pas de l'optique, ce n'est pas de la photonique, ce n'est pas de la bio, ce n'est pas de la génomique : c'est tout. Quand c'est tout, c'est rien, c'est-à-dire que l'on ne peut pas dire qu'on va faire une politique nano ; ça veut dire quoi, une politique nano ?*
>
> CARL T., chercheur en physique des plasmas

Prenant toute sa résonance dans des expressions telles que *nanocosme, nanomonde* ou encore *nanoculture*, l'épithète *nano* marque l'entrée technoscientifique dans le XXIe siècle[1]. Issu d'un mot grec qui signifie littéralement *nain*, le vocable *nano* possède aujourd'hui la même force d'évocation que le terme *cyber* dans les années 1990[2]. Si l'on se fie à l'engouement d'ordre scientifique, politique, financier et culturel suscité par la conquête de l'infiniment petit, il semble qu'on assiste, sur le plan de notre topographie imaginaire, au passage du *cyberespace* vers le *nanomonde*. Au-delà de la puissance métaphorique, il faut bien voir que le préfixe *nano* correspond à une dimension précise de la matière, soit celle du milliardième de mètre (10^{-9}). Nommée *nanomètre*, cette unité de mesure se situe à l'échelle première de la matière, soit celle des atomes et des molécules. Cette dimension imperceptible échappe à la conceptualisation du commun des mortels[3]. À titre d'exemple, « un objet de la taille d'un nanomètre est 500 000 fois plus fin que l'épaisseur du trait d'un stylo-bille » ou encore « 30 000 fois plus fin que l'épaisseur d'un cheveu[4] ». Loin de représenter un obstacle à l'exploration scientifique, la dimension nanométrique constitue, aux yeux des promoteurs, un nouvel espace à conquérir. L'attrait de ce territoire invisible ne se limite pas à la taille infinitésimale des objets qui l'habitent. Il n'est pas simplement d'ordre quantitatif, mais également d'ordre qualitatif. En fait, à cette échelle, les propriétés physicochimiques de la matière se transforment. Regroupant un nombre sans cesse croissant de disciplines et de secteurs de recherche, les nanotechnologies entreprennent de transformer la matière inerte ou vivante au niveau de l'assemblage moléculaire, c'est-à-dire en créant de nouveaux matériaux dont les propriétés physiques, chimiques ou biologiques sont encore inconnues. À titre d'exemple, il est possible de créer des plastiques ininflammables, des textiles intelligents, des dispositifs médicamenteux pouvant cibler des endroits très précis du corps. Lorsqu'on parle de nanotechnologies ou de nanosciences, on ne fait donc pas référence à un domaine particulier de recherche, mais bien à une nouvelle façon de concevoir et de manipuler la matière qui touche à l'ensemble des secteurs et des disciplines. L'importance accordée à la dimension *nano* fait de cette dernière le nouvel eldorado scientifique vers lequel on oriente les programmes de recherche à l'échelle internationale. Cette orientation tout-*nano* ne va pas sans soulever de problèmes quant à la définition même de ce que sont les nanotechnologies. L'ampleur des sommes investies, les espoirs portés par la maîtrise de l'infiniment petit et l'étendue des domaines concernés rendent cette définition hautement problématique[5]. En fait, la délimitation des nanotechnologies recoupe des enjeux économiques, politiques et éthiques. Les questions qu'elle soulève offrent un exemple concret de la complexité inhérente au développement technoscientifique. En tant que principaux acteurs de ce domaine, les chercheurs en nanotechnologies sont très conscients des enjeux stratégiques reliés au label *nano* au chapitre de l'orientation des programmes de recherche. Comme l'a analysé le sociologue Dominique Vinck, « les enjeux liés à la définition sont importants pour les chercheurs et les industriels parce que derrière les définitions, il est effectivement question d'allocation de ressources [...]. La définition est donc stratégique pour les acteurs[6] ». De fait, lorsqu'on interroge les chercheurs sur ce point, on constate que les contours des multiples définitions données aux nanotechnologies sont pour le moins flous et changeants.

Les difficultés d'une définition

Nées d'une convergence regroupant la physique quantique, la chimie, la microélectronique, l'informatique, la biologie moléculaire et le génie génétique, les nanotechnologies portent la marque congénitale de l'interdisciplinarité. La part toujours grandissante des programmes de recherche logeant sous cette appellation tend d'ailleurs à confirmer la thèse défendue par le philosophe des sciences Jan C. Schmidt, selon laquelle les nanotechnologies constituent un terme « parapluie » servant à désigner un ensemble de mutations technoscientifiques[7]. Si l'on se fie au portrait brossé en 2001 par le Conseil de la science et de la technologie, l'appellation *nano* semble en effet être en voie de devenir purement et simplement synonyme d'innovation technoscientifique. L'organisme public soutient en ce sens que « les possibilités d'applications des nanotechnologies sont pratiquement infinies et touchent tous les domaines technologiques qui peuvent venir à l'esprit[8] ». Ce type d'affirmation a le mérite d'illustrer le caractère globalisant de ce que l'on entend par « nanotechnologies ». L'aspect totalisant du terme n'échappe d'ailleurs pas aux chercheurs, parmi lesquels plusieurs soulignent la difficulté de définir clairement ce domaine de recherche, comme c'est le cas de Fanny R., chercheuse en génie physique : « Les nanotechnologies, c'est tellement large parce que ça touche effectivement à beaucoup, beaucoup de domaines. [...] Si vous me demandez de définir vraiment ce qui est *nano,* je vais avoir du mal parce que ça touche à tout. » Le caractère générique du terme *nano* est aussi souligné par le chercheur en génie physique Éric L. : « Presque tout ce qui se fait à la fine pointe dans le domaine des matériaux, c'est *nano*. [...] Mais le *nano* touche à tout. C'est ce qui fait sa force et sa faiblesse en même temps. » Dans la même optique, le chercheur en génie biomédical Steven B. tend à associer les nanotechnologies à la logique de miniaturisation : « Enfin, le *nano,* c'est un peu la projection des potentiels des progrès scientifiques et de la miniaturisation en général. » Ces propos illustrent bien l'aspect générique du vocable *nano* et les difficultés inhérentes à sa définition.

L'une des raisons pouvant expliquer l'absence d'une définition unifiée des nanotechnologies réside dans le fait qu'il s'agit, pour une bonne part, de technologies *habilitantes,* c'est-à-dire d'« un ensemble de nouveaux procédés et de nouvelles techniques qui permettent à des technologies déjà existantes de s'améliorer[9] ». À ce jour, il n'existe donc pas de produits qui soient, à proprement parler, typiques des nanotechnologies ; ce sont plutôt un ensemble de dispositifs, de composantes et de matériaux qu'on utilise dans le but d'accroître les performances technologiques de diverses applications (industrie des matériaux, microélectronique, industrie biomédicale, etc.). On cherche, par exemple, à mettre au point des dispositifs de transport de médicaments pouvant cibler très précisément les cellules cancéreuses afin d'éviter les effets néfastes de la chimiothérapie, ou encore à dépasser les limites du silicium pour poursuivre le développement de la puissance et de la miniaturisation des puces électroniques. Même si la question de la dimension est fondamentale dans la délimitation du domaine, la définition des nanotechnologies semble relative au secteur de recherche et à la position des chercheurs.

La pluralité des définitions données aux nanotechnologies, leur caractère relatif et plus ou moins englobant, sont en fait indissociables des enjeux stratégiques et financiers qui leur sont associés. Les chercheurs ont d'ailleurs pleinement conscience des dimensions politiques liées à la définition de leur domaine de recherche, comme en témoigne Éric L., chercheur en génie physique : « Je peux donner plein de définitions selon le contexte sociopolitique dans lequel on se trouve : on peut définir les *nanos* de façon très, très étroite et, à ce moment-là, c'est exclusif. On peut aussi les définir de façon très, très large de manière à ce que tous les chercheurs se sentent impliqués. » Pour le chercheur en pharmacie Arnaud S., les définitions données aux nanotechnologies ont tendance à être adaptées en fonction des domaines et des disciplines : « Je pense que la définition de la nanotechnologie dépend aussi du domaine dans lequel on travaille. [...] Chaque chercheur en science, appliquée ou fondamentale, peut trouver une définition de la nanotechnologie qui va correspondre à ses activités de recherche. » L'appropriation disciplinaire du vocable *nano* rend encore plus ardue la délimitation de ce domaine, comme l'affirme le chercheur en génie biomédical Steven B. : « Je vois des différences : la nanotechnologie pour les sciences dures et la nanotechnologie pour les sciences biologiques. […] Il y a des choses qui sont promues comme nanotechnologies en biologie qu'on ne considérerait pas comme de la nanotechnologie en physique. Enfin, le terme est assez vague, vous le savez. » Pour le chimiste Michael S., la définition ne peut qu'être plurielle : « On parle de *la* nanotechnologie, mais je suis d'avis qu'il faudrait parler *des* nanotechnologies parce qu'il y en a beaucoup, […] car on parle de chimie, de physique, d'ingénierie, de matériaux et de médecine. Il y a plusieurs aspects en nanotechnologies, donc on devrait en parler au pluriel. »

À première vue, l'absence d'une définition claire et précise d'un domaine de recherche qui, au niveau international, est présenté comme une véritable révolution scientifique apparaît pour le moins paradoxale. Lorsqu'on creuse un peu plus cette question, on s'aperçoit toutefois qu'elle touche à des enjeux fondamentaux sur les plans épistémologique, politique et économique. Non seulement les chercheurs québécois se montrent sensibles aux problèmes liés à la définition de leur domaine, mais, comme on va le voir, ils transforment et adaptent leur propre définition en fonction des contextes.

Le label *nano*, une nouvelle stratégie de financement

La polysémie du vocable *nano,* soit les multiples définitions qui y sont associées, n'est pas étrangère à son pouvoir d'attraction économique. Pour donner un aperçu de l'ampleur des enjeux économiques et financiers liés à ce domaine, il convient de mentionner qu'en 2006 les États-Unis ont investi environ 1,775 milliard de dollars en nanotechnologies[10]. L'engouement suscité par la maîtrise de l'infiniment petit à l'échelle internationale a donné lieu à un repositionnement des secteurs de recherche afin qu'ils puissent bénéficier de la manne des subventions. Presque exclusivement dépendants des fonds publics, les chercheurs québécois et canadiens participent activement à ce redéploiement afin de s'assurer une place au soleil du nanomètre. Certains sont d'ailleurs très explicites quant aux enjeux économique et stratégique de la définition de leur programme de recherche. Voici la définition proposée par le physicien Sébastien R. : « Si je veux être cynique, je dirais que *nano,* ça doit être un mot latin qui veut dire "donne-moi de l'argent". » Le chercheur en génie chimique Nicolas L. déplore quant à lui l'aspect stratégique de l'appellation *nanotechnologies* : « Je pense que *nanotech* est un *buzzword*. Plusieurs chercheurs et politiciens utilisent à tort et à travers cette expression pour essayer d'avoir des fonds. Et puis malheureusement, ils ont créé des fonds de recherche qui sont dédiés uniquement aux nanotechs. »

Reconnue par la majorité des chercheurs, l'importance de la dimension économique dans la définition des nanotechnologies est souvent perçue comme une contrainte à laquelle ils doivent se conformer afin de pouvoir poursuivre leurs recherches, comme en témoigne Anne C., chercheuse en pharmacie : « J'ai commencé ma carrière académique et puis le phénomène "nanotech" est arrivé. J'ai fait : "Ah bon !" Il fallait entrer dans les créneaux des nanotechnologies pour les subventions et pour tout. C'était la vague. Si tu ne faisais pas de la nanotech, tu étais un peu hors champ. » Suivant cette même perspective critique, le chercheur Steven B. expose la logique spéculative propre au développement technoscientifique : « En science [...], il y a toujours des cycles de *hype*. Il y a quelque chose qui sort et on crée une bulle [spéculative]. C'est la même chose avec les *nanos* maintenant. On devient prisonnier de cette bulle en tant que scientifique. Tout à coup, il y a une reconnaissance politique : les *nanos*, c'est très important, il faut investir là-dedans. Si vous êtes scientifique, vous vous rendez bien compte que, si vous ne faites pas de recherche portant le label *nano*, vous n'avez pas de subventions. »

Utilisé comme levier de financement, le label *nano* soulève des questions d'ordre épistémologique dans la mesure où il suppose non seulement une redéfinition des domaines de recherche, mais aussi la création de nouveaux champs interdisciplinaires dont la pertinence et la validité sont parfois questionnées. Pour le chercheur Nicolas L., certains nouveaux champs de recherche en nanoscience et nanotechnologies (NST) sont carrément douteux sur le plan de la scientificité : « Dans la revue *Nature*, vous voyez des termes incroyables utilisés par les chercheurs : *biomimetics, flying swining nanorobot* [...]. Je n'ai aucune idée, *what does it mean?* [...] *Doesn't make sense.* » Si la remise en cause de la scientificité de certains programmes de recherche logeant sous la bannière *nano* demeure marginale chez les chercheurs interrogés, les questions épistémologiques sont néanmoins au cœur de leurs préoccupations. S'agit-il d'un nouveau paradigme ou d'une simple continuité des percées technoscientifiques ? Loin d'être facile à résoudre, cette question révèle d'autres enjeux stratégiques liés à la définition des nanotechnologies.

Nouveau paradigme ou simple effet de mode ?

Désignant une échelle spécifique de la matière, soit le nanomètre, davantage qu'un domaine de recherche en tant que tel, l'appellation *nanotechnologies* prête à confusion quant à la spécificité de son objet. La plupart des sources officielles tendent toutefois à inclure la question des transformations des propriétés de la matière comme élément déterminant de la qualification *nano*. La majorité des chercheurs s'entendent d'ailleurs sur ce phénomène résumé comme suit par l'ingénieur Éric L. : « À un moment donné, tu diminues tellement que ça commence à être qualitativement différent. Le comportement de la matière change de façon brusque. Donc, là, on se trouve dans un régime *nano*. » Le chercheur en génie physique Marc R. va dans le même sens lorsqu'il affirme : « Phénoménologiquement, au niveau mécanique, c'est différent. J'obtiens une propriété que je n'ai pas à grande échelle. » Pour la chercheuse en génie physique Sylvie M., la transformation des propriétés de la matière est la condition essentielle pour établir la délimitation des nanotechnologies : « Quand on est rendu à une petite taille, si les propriétés diffèrent par rapport à ce qu'elles étaient à ce moment-là, je dirais qu'on peut parler de nanotechnologies. » Pour illustrer l'ampleur de ces transformations, Sandra V., chercheuse en génie biomédical, explique que la dimension nanométrique échappe au système perceptif de l'être humain : « À l'échelle *nano*, les phénomènes sont tout à fait différents de ceux aux échelles que l'on perçoit dans la vie de tous les jours. »

Alors que l'apparition de nouvelles propriétés est très généralement admise comme critère de délimitation des nanotechnologies, plusieurs chercheurs tiennent cependant à relativiser leur « caractère proprement révolutionnaire », pour reprendre l'expression employée par le Conseil de la science et de la technologie[11]. Minimisant la nouveauté des recherches effectuées en NST, ils insistent sur leur continuité avec des disciplines plus classiques, notamment la chimie et la physique. Le terme *nano* apparaît alors comme une nouvelle appellation pour des recherches qui existaient déjà, comme l'illustrent les propos du chercheur en génie chimique Nicolas L. : « Les nanotechs, en fait, ça fait très, très longtemps que ça existe, depuis les années 1800 même. Les gens connaissaient déjà l'existence des systèmes colloïdaux. » Le chercheur en génie physique Marc R. va beaucoup plus loin dans cette volonté de minimiser la spécificité des nanotechnologies : « Les nanotechnologies, selon la définition qu'on en donne, cela a toujours existé, parce que la physique *est* nanotechnologie. » De manière plus pragmatique, la chercheuse Sandra V. rappelle que certains domaines de recherche déjà existants ont été rebaptisés pour profiter de la vague *nano* : « Moi, je dirais que c'est difficile à définir parce qu'il y a des chimistes qui autrefois ne se disaient pas en nanotechnologie et qui, maintenant que c'est *hot*, disent que c'est de la nanotechnologie. Mais c'est juste de la chimie organique. » Malgré leur rattachement possible à des champs de recherche déjà existants, les nanotechnologies ont la particularité d'être fondamentalement interdisciplinaires et, par le fait même, de favoriser les regroupements stratégiques, comme le précise la chercheuse Sylvie M. : « La nanotechnologie existait déjà, mais c'était dispersé. Puis, on a essayé d'amener tout ça en dessous du même parapluie. » Éric L., chercheur en génie physique, souligne aussi le caractère fédérateur des nanotechnologies : « Tout le monde peut prétendre faire de la *nano* et tout le monde est content si le gouvernement investit en *nano*. Alors que la supraconductivité [...], bien, tu sais, les biologistes, ils s'en foutent. »

Ce n'est pas sans raison que les chercheurs tendent à vouloir banaliser l'aura de nouveauté qui entoure les nanotechnologies. Très conscients des enjeux éthiques et politiques qui leur sont reliés, certains se montrent soucieux de ne pas alerter l'opinion publique en mettant trop l'accent sur cet aspect. On peut déceler cette tendance dans les propos du physicien Carl T. : « Il n'y a pas de nouvelles sciences. Il y a des phénomènes qu'on observe à cette échelle-là, que l'on n'observait pas avant, mais il n'y a pas de nouvelle physique, il n'y a pas de nouvelle science. Ça ne change pas de paradigme. [...] Ça ne révolutionne pas, ce n'est pas la relativité générale qu'on est en train de découvrir. » La volonté de minimiser le caractère novateur des nanotechnologies se manifeste plus clairement lorsqu'il est question des nanoparticules, dont le potentiel de toxicité pour la santé humaine et pour l'environnement en général est l'enjeu de débats éthiques. Ce qui amène certains chercheurs, comme le chimiste Raymond L., à dénier toute nouveauté aux phénomènes engendrés par les nanotechnologies : « Des nanoparticules, c'est sûr qu'il y en a aujourd'hui beaucoup, c'est la mode. Mais il y en a toujours eu, des nanoparticules. Parce que lorsqu'on fume une cigarette, il y a des nanoparticules dans l'air. Partout, tout le temps, il y a des nanoparticules. » Le chimiste Michael S. abonde dans ce sens : « Les nanoparticules existent depuis très longtemps [...], depuis plus d'un siècle. Le problème, c'est que maintenant on commence à comprendre et on les visualise. »

Si les nanoparticules ont toujours existé, si les recherches à l'échelle nanométrique remontent au début de la chimie et de la physique classiques, pourquoi alors les nanotechnologies sont-elles devenues une des priorités mondiales en termes de recherche et de développement ? En fait, l'engouement pour ces recherches ne repose pas sur un nouveau paradigme explicatif, mais bien sur une nouvelle façon de concevoir le rapport à la matière. Contrairement aux technologies communes qui vont dans le sens d'une miniaturisation descendante *(top-down)*, les nanotechnologies présentent la nouveauté de pouvoir créer des matériaux et des dispositifs suivant un mode ascendant *(bottom-up)*, c'est-à-dire en manipulant la matière atome par atome. Comme l'explique Arnaud S., chercheur en pharmacie : « Un aspect qui est important dans les nanotechnologies et qui peut faire une différence dans la définition, c'est la manière dont on obtient des structures de cette taille-là. On peut les obtenir en fait de deux façons. On peut partir du très gros et le rapetisser *top-down* ou partir des éléments de base, des briques, pour construire la maison et faire du *bottom-up*. [...] En fait, la nanotechnologie a vraiment tout son intérêt, je pense, quand on parle de l'approche *bottom-up*. C'est-à-dire lorsqu'on part des éléments de base, qui ont certaines propriétés et qui vont être capables de s'assembler d'une manière précise pour former des structures. » Indépendamment de leurs assises disciplinaires, les chercheurs tendent à définir la spécificité des nanotechnologies non pas en fonction d'un cadre théorique et scientifique, mais plutôt en fonction d'un nouveau rapport à la matière. Symbolisée par le modèle *bottom-up*, l'importance accordée aux notions de manipulation et de maîtrise est nettement prédominante dans leurs discours.

Manipuler et maîtriser l'infiniment petit

Présentées par le Conseil de la science et de la technologie comme « la maîtrise de l'infiniment petit », les nanotechnologies sont indissociables du projet de contrôler et de manipuler la matière au niveau des atomes et des molécules[12]. Il est vrai que la primauté accordée au modèle de l'ingénierie dans le développement des nanotechnologies apparaît comme l'une des caractéristiques essentielles de ce domaine de recherche[13]. Ce n'est d'ailleurs pas un hasard si parmi les vingt chercheurs ayant participé à ces entretiens, dix possèdent une formation en génie. Sur ce point, il est important de noter qu'Eric Drexler, l'un des principaux fondateurs de la nanotechnologie aux États-Unis, est lui-même ingénieur. Sachant cela, il n'est pas surprenant de constater que les questions relatives à la maîtrise et à la manipulation de la matière occupent une place déterminante dans les définitions des chercheurs. Les propos de Marc R., chercheur en génie physique, résument bien cette tendance : « L'effet *nano*, c'est : "J'observe, j'utilise, j'exploite, je reproduis des phénomènes qui ne sont visibles qu'à cette échelle." » Pour le chimiste Michael S., cette capacité de manipuler la matière constitue la véritable nouveauté des nanotechnologies : « Ça, c'est plutôt nouveau : on arrive maintenant à faire ce qu'on veut, à les manipuler [les nanoparticules], à les synthétiser, à les caractériser. C'est ça, la différence [...], on n'est plus passif, on est actif. » Au sein du groupe de chercheurs interrogés, seul Steven B. s'est montré ouvertement sceptique quant à l'image publique des nanotechnologies en ce qui a trait à la maîtrise de l'infiniment petit : « Pour la définition *nano*, le concept *nano*, ce qui a galvanisé un peu le public, c'était l'idée qu'on pouvait contrôler la matière quasiment atome par atome. »

De manière plus restrictive, certains chercheurs donnent une définition qui limite implicitement le champ des nanotechnologies à l'approche ascendante *(bottom-up)*, c'est-à-dire la capacité de créer de nouveaux dispositifs et de nouvelles structures en manipulant les atomes eux-mêmes. C'est le cas notamment du microbiologiste Sylvain C. : « On commence à parler de nanotechnologies quand on crée soi-même ces structures-là ou qu'on les manipule de façon organisée pour en tirer de l'information, soit en recherche fondamentale, soit pour en faire des applications commerciales. » Pour le chimiste Michael S., il s'agit ni plus ni moins que de pouvoir *redesigner* la matière : « C'est-à-dire qu'on peut vraiment faire du design [...]. Ce qui est important, c'est de contrôler les matériaux, puis de pouvoir les fabriquer comme on veut. » Davantage qu'un paradigme scientifique, les nanotechnologies apparaissent donc dans les définitions des chercheurs comme une nouvelle façon d'appréhender, de manipuler et de maîtriser la matière. Même si la majorité des chercheurs maintiennent une distinction entre science et technologie, cette dernière n'est pas significative dans leur pratique, comme le soutient le chimiste Michael S. : « Savoir si l'on exploite les nanosciences pour faire des nanotechnologies, c'est un problème de langage. » Conçue par certains chercheurs comme une distinction d'ordre purement linguistique, la différence entre nanosciences et nanotechnologies correspond néanmoins, dans la définition des chercheurs, à un aspect fondamental de ce domaine de recherche, soit ses dimensions commerciales.

Une définition aux accents commerciaux

Le développement fulgurant des recherches en nanotechnologies au niveau international est indissociable des espoirs suscités par le gouvernement américain, qui, en lançant la National Nanotechnology Initiative (NNI) en 2000, prévoyait rien de moins qu'une « nouvelle révolution industrielle[14] ». Faisant écho au discours du gouvernement américain, le Conseil de la science et de la technologie annonçait dans son rapport de 2001 : « Il y a lieu de prévoir que les nanotechnologies constitueront une troisième révolution technologique, la première ayant donné naissance à la révolution industrielle et la seconde ayant été reliée à la microélectronique[15]. » L'importance accordée à la dimension économique dans la valorisation de ce secteur de recherche transparaît dans les définitions des chercheurs.

Contrairement à l'Europe, où le terme *nanosciences* est plus généralement employé, les chercheurs québécois ont tendance à utiliser le terme *nanotechnologies* pour décrire leur domaine de recherche. Curieusement, le physicien Jacques H., seul chercheur ayant revendiqué l'appellation *nanosciences* pour son travail, a invoqué des arguments d'ordre commercial : « Le concept de technologie implique qu'on puisse aller dans un magasin et faire un achat. Donc, maintenant, les nanotechnologies, ça n'existe pas. Il y a vraiment peu de produits qu'on peut aller chercher dans un magasin. [...] Moi, je préfère parler de nanosciences, de sciences qui étudient les propriétés de la matière au niveau nanoscopique, nanométrique. [...] Je préfère un peu la vision européenne, je trouve qu'elle est plus exacte, plus proche de la réalité. » Ce qui ressort le plus fortement de l'analyse de la distinction entre nanosciences et nanotechnologies dans les définitions des chercheurs, c'est que cette distinction renvoie davantage à des dimensions économiques qu'à des dimensions épistémologiques. Autrement dit, la différence entre nanosciences et nanotechnologies est perçue par les chercheurs en fonction des aspects commerciaux de la recherche, comme l'attestent les propos du physicien Sébastien R. : « Je pense d'abord que la nanotechnologie, c'est l'application de la nanoscience dans un but industriel, pour construire ou vendre quelque chose. Pour moi, la nanotechnologie, c'est la commercialisation de la nanoscience [...] ; les nanotechnologies, c'est l'application à des fins économiques. » Ce lien directement établi entre nanotechnologies et commercialisation soulève chez certains chercheurs des inquiétudes quant aux impacts possibles des applications des nanosciences au détriment de recherches plus fondamentales. Sandra V. exprime clairement ses craintes : « La différence entre la nanoscience et la nanotechnologie, c'est qu'on risque toujours d'essayer de vendre les choses trop tôt, et c'est ce qui arrive, je pense, avec les nanoparticules. On voit qu'il y a du potentiel commercial, alors on crée des outils qui sont peut-être dangereux et qui sont mal compris [...]. Il y a beaucoup de choses que l'on ne comprend pas et il y a beaucoup de commercialisation quand même de la nanotechnologie, et moi, je dirais que c'est prématuré. La nanoscience doit se concentrer sur la compréhension des bases de la physique, de la chimie de ces technologies-là, de ces particules, de ces phénomènes avant d'essayer de créer quelque chose avec un potentiel commercial. »

À la lumière de ces propos, il est clair que des considérations d'ordre politique et économique entrent dans la définition des chercheurs. En plus d'illustrer les liens étroits entre science, technologie et société, la diversité et les multiples aspects inclus dans ces définitions témoignent du fait que les nanotechnologies correspondent davantage à une nouvelle façon de définir et de concevoir la technoscience qu'à un domaine de recherche en particulier.

Une impossible définition

Loin d'éclairer de manière définitive le champ des nanotechnologies, les entretiens avec les chercheurs amènent plutôt à conclure qu'il est pratiquement impossible d'établir une définition simple et précise incluant tous les projets de recherche logeant sous cette bannière. À défaut de délimiter concrètement ce domaine interdisciplinaire, les réponses des chercheurs permettent d'en saisir la complexité et d'en identifier les enjeux. Expliquant en grande partie la popularité grandissante du vocable *nano* au sein de la communauté scientifique, les aspects stratégiques liés aux logiques de financement constituent également l'un des principaux obstacles à la délimitation des nanotechnologies. Ceci ne doit toutefois pas occulter les nouveaux rapports entre science, technologie, recherche et économie portés par la conquête de l'infiniment petit. Pour bien comprendre les enjeux sociétaux dont elles sont porteuses, il convient de se pencher sur l'imaginaire des nanotechnologies. En ce sens, le redéploiement des frontières entre science et science-fiction sera au centre du prochain chapitre.

CHAPITRE 2

Entre nanoscience et nanofiction

Les nanos sont très attractives, et c'est difficile de voir où commence la ligne fine entre ce que l'on peut faire avec la technologie [d'une part] *et la science-fiction* [d'autre part].

SÉBASTIEN R., physicien

S'agissant d'un domaine de recherche dont les retombées sont encore, pour une bonne part, à l'état expérimental, les nanotechnologies laissent libre cours à la spéculation technoscientifique. Le couplage organisme vivant / matière inerte au niveau moléculaire permet, par exemple, de concevoir l'élargissement des frontières du corps humain au moyen de puces électroniques et de nanorobots. Porteurs de toutes les promesses, allant d'une nanomédecine ultraperformante jusqu'à un développement durable sans pollution, en passant par l'utopie d'une société globale sécuritaire, les discours qui accompagnent le développement des nanotechnologies possèdent des accents fortement futuristes[1]. En fait, les potentialités inégalées des nanotechnologies nourrissent un imaginaire d'anticipation qui remet en cause les frontières discursives entre science et science-fiction[2]. Cette « futurisation » du discours scientifique s'enracine dans le texte fondateur d'Eric Drexler *Engines of Creation*, dans lequel l'ingénieur propose une vision du futur où les nanorobots sont appelés à réaliser une fusion entre humain et machine en recourant à la manipulation de la matière atome par atome[3]. Sans nécessairement embrasser la vision de Drexler, les discours publics sur les nanotechnologies apparaissent largement marqués par cette orientation futuriste où le présent n'est pensé qu'en fonction d'un avenir déterminé par la technique[4]. Avec le phénomène *nano*, on assiste en fait à l'apparition d'une véritable « politique du futur », au sens où les discours d'anticipation technoscientifique exercent une influence déterminante dans l'orientation des politiques publiques en matière de financement et d'organisation de la recherche[5]. Comme l'a finement analysé Joachim Schummer dans le cadre des politiques publiques américaines en nanotechnologies, les liens étroits entre décideurs politiques et gens d'affaires favorisent l'émergence dans le discours d'une bulle technologique dictant l'orientation des politiques publiques en fonction des prédictions technoscientifiques et économiques[6].

L'imaginaire prospectif propre aux nanotechnologies constitue un élément central pour comprendre la spécificité sociologique de ce nouveau phénomène technoscientifique[7]. Loin de se montrer naïfs devant cette réalité, les chercheurs sont très conscients de l'importance que revêtent les discours à saveur futuriste dans leur domaine, notamment en matière de financement de la recherche. Oscillant entre un pragmatisme quelque peu cynique, une distance méfiante et la pure et simple fascination, la position des chercheurs par rapport aux discours futuristes est loin d'être clairement tranchée. Elle semble plutôt marquée par le sceau de la contradiction, comme en témoigne cette réflexion d'Éric L., chercheur en génie physique : « "Les nanotechnologies sont révolutionnaires", c'est un mythe, je pense. Mais c'est peut-être également la réalité. Dans le sens que l'on est loin d'un contrôle absolu de tout, à tous les niveaux. » Lorsqu'on les interroge sur les conséquences du rétrécissement des frontières entre science et science-fiction, les chercheurs élaborent des réponses à la fois complexes et ambiguës. Pour comprendre la relation particulière qu'ils entretiennent avec l'imaginaire des NST tel que véhiculé par les médias et les discours promotionnels, il faut d'abord revenir sur les origines mythiques des discours fondateurs.

Eric Drexler et le mythe originel du grand Lego universel

Dans une thèse intitulée « Les imaginaires des nanotechnologies », la philosophe des sciences Marina Maestrutti s'est longuement penchée sur les mythes fondateurs à l'origine du phénomène *nano*[8]. Il faut dire que le développement fulgurant qu'a connu ce domaine de recherche au début des années 2000 est indissociable des espoirs et des promesses formulés par ses promoteurs pour convaincre les décideurs publics américains d'investir massivement dans la recherche en nanotechnologies[9]. Historiquement, c'est le physicien et lauréat d'un prix Nobel Richard Feynman qui a été le premier à soutenir l'idée d'une réorganisation de la matière au niveau atomique, lors de la célèbre conférence « There's Plenty of Room at the Bottom », prononcée devant l'American Physical Association en 1959. C'est toutefois avec la publication du livre *Engines of Creation*, de l'ingénieur Eric Drexler, que s'opère un changement de perspective dans le domaine technoscientifique[10]. Perçu comme un visionnaire, Drexler met de l'avant le concept de *bottom-up* et affirme la possibilité de manipuler la matière atome par atome. Suivant cette perspective, les nanotechnologies paraissent véritablement révolutionnaires puisqu'elles permettent de créer des matériaux et des dispositifs inédits à partir d'un assemblage moléculaire. À mi-chemin entre science et science-fiction, le livre de Drexler a exercé une profonde influence dans la construction de l'imaginaire *nano*[11]. En fait, la vision qu'il propose donne l'impression que les nanotechnologies vont pouvoir accomplir tous les exploits scientifiques imaginables, y compris celui de combattre le vieillissement et de vaincre la mort[12]. Le caractère fictionnel de la vision défendue par Drexler transparaît dans l'hypothèse de la création de nanorobots capables d'autoréplication et dans le scénario apocalyptique de la gelée grise, ou *grey goo*, soit la fin du monde par l'envahissement de nanorobots échappant au contrôle humain[13].

Malgré le discrédit scientifique auquel se heurtent désormais ses thèses[14], Drexler demeure un personnage clé de l'histoire des nanotechnologies. L'effacement des frontières entre science et science-fiction dont procède sa conception du développement technoscientifique a marqué d'une manière profonde les débats et les discours de promotion autour des nanotechnologies. Désirant se distancier de la figure polémique de Drexler, tout en reconnaissant sa contribution à l'éclosion des nanotechnologies, les chercheurs interrogés adoptent une attitude assez ambiguë. Le caractère équivoque des propos du chercheur en génie biomédical Steven B. reflète ce positionnement : « L'idée de Drexler, je pense qu'elle est plus près de la science-fiction que de la réalité, mais la réalité est en train de nous rattraper. Les idées qu'il proposait sont plus faciles à mettre en œuvre dans un contexte biologique que dans un contexte nanotechnologique. » Plus près de l'ingénierie que de la science, le modèle des nanotechnologies mis de l'avant par Drexler repose sur une conception du monde physique comme étant entièrement décomposable et remodelable. L'approche *bottom-up* (ascendante), c'est-à-dire la manipulation de la matière atome par atome, s'appuie sur la métaphore d'un grand Lego universel[15]. Très présente dans les discours de promotion et de vulgarisation des nanotechnologies, la référence au célèbre jeu de Lego est d'ailleurs reprise par l'ingénieur physicien Éric L. : « L'approche *bottom-up*, c'est [...] qu'on part avec des jeux de Lego puis qu'on commence à les monter. On peut faire du *bottom-up* inorganique qui n'a pas la possibilité de se répliquer. [...] Si, par contre, on part de cellules ou de l'ADN, on a déjà des mécanismes de réplication [...] ; à ce moment-là, on se sert des cellules pour faire fabriquer d'autre chose. »

Nourrissant le fantasme de l'amélioration de l'être humain par les technosciences, le modèle futuriste de Drexler fait l'objet de nombreuses critiques de la part des chercheurs, qui mettent en doute sa faisabilité, notamment lorsqu'il est question des nanorobots pouvant se déplacer dans le corps. La position du chercheur Nicolas L. est très claire sur ce point : « Quand on me parle de nanorobots injectés dans le corps humain, pour moi, c'est ridicule. [...] Imaginez la complexité de partir simplement avec une petite boule de gras qui est un liposome et d'aller finalement vers un robot possédant des parties mécaniques. C'est bien de rêver, c'est correct, mais c'est autre chose que de subventionner ces rêves. » En fait, l'idée de nanorobots pouvant naviguer dans le corps humain constitue, aux yeux de plusieurs chercheurs, ni plus ni moins que de la science-fiction. Certains soulignent d'ailleurs la parenté d'esprit existant entre les prédictions de Drexler et *Le Voyage fantastique*, un film de science-fiction américain réalisé en 1966 par

Richard Fleischer. Pour le chercheur en physique des plasmas Carl T., les ambitions de Drexler sont davantage influencées par ce film que par une réelle connaissance scientifique : « Drexler, c'est un vendeur [...] qui a fait peur à plein de monde, mais qui a été plus inspiré par *Le Voyage fantastique* que par une certaine réalité de la capacité humaine. La question est de savoir : est-ce qu'aujourd'hui on peut organiser à l'échelle nanométrique les choses pour faire ce qu'on désire en fonction d'un schéma préétabli ? C'est ça qui est important, le schéma préétabli [...]. Aujourd'hui, c'est non ; est-ce qu'un jour ça va arriver ? Je n'en sais rien et je ne m'en préoccupe pas. Je ne me pose pas la question, je dis "non, c'est impossible". »

La réaction aux prévisions futuristes de Drexler dépend de l'ancrage disciplinaire des chercheurs. Ainsi, la position très critique du prix Nobel de chimie Richard Smalley concernant la faisabilité des thèses de l'ingénieur visionnaire ressort clairement des propos du chimiste Olivier S. : « C'est loin d'être comme Drexler le voit, créer une machine qui va placer deux atomes côte à côte pour réaliser l'opération X. La nature peut décider que ces deux atomes n'aiment pas être près l'un de l'autre [...]. Même si on réussit à placer deux atomes de façon mécanique, ils ne vont pas nécessairement se comporter selon les prévisions du chercheur. Donc, cela m'amène à dire qu'à ces échelles-là il faut être humble. Il faut regarder ce que la nature fait pour comprendre et essayer de faire des choses. » Tantôt sceptiques, tantôt ouvertement critiques, les chercheurs interrogés tiennent à se distancier de l'imaginaire futuriste à l'origine de l'essor des nanotechnologies. Il faut dire que les débats entourant la scientificité et la faisabilité des thèses de Drexler ont sans nul doute contribué à cette mise à distance. Pourtant, comme on va le voir, le rapport qu'entretiennent les chercheurs avec la science-fiction est beaucoup plus complexe. En effet, celle-ci apparaît à la fois comme le moteur de l'activité scientifique et comme un moyen de promotion efficace et nécessaire.

Le pouvoir de l'imagination

Loin d'établir une ligne de partage claire entre science et science-fiction, les chercheurs ont plutôt tendance à considérer cette dernière comme une source d'inspiration pour la recherche scientifique. Fortement valorisée, l'imagination ne s'oppose pas à la rationalisation, mais constitue plutôt une forme de motivation à pousser plus loin les limites de la science, à ouvrir de nouveaux horizons de recherche. Figure mythique de l'histoire des nanotechnologies, le physicien Richard Feynman est donné en exemple par le chercheur Carl T. : « Il y avait une phrase de Feynman qui disait que, si ce n'est pas de la science-fiction, c'est qu'on a un problème : il *faut* que ce soit de la science-fiction. Il faut qu'un scientifique ait le goût de rêver [...]. Tout ce qui a été créé par l'humain l'a été à partir d'un rêve. Si l'être humain arrête de rêver, il va juste devenir un fabricateur de réponses à ses besoins et puis à la limite il pourra devenir un animal. En fait, ce qui a amené l'homme à se transcender, à créer ou à inventer, c'est le rêve [...] ; justement, c'est la science-fiction. » Afin d'illustrer l'importance de l'imagination dans le développement de la recherche, l'ingénieur physicien Éric L. se réfère à la figure emblématique d'Einstein : « Einstein a dit un petit truc intéressant : il a dit que l'imagination est plus importante que la connaissance [...]. Aujourd'hui, on met beaucoup le *focus* sur les produits. Mais quelqu'un doit avoir imaginé les produits, donc le processus de conception est vraiment à la base de tout travail scientifique. Moi, je suis assez convaincu que science et science-fiction ont quand même un lien. »

La frontière entre science et science-fiction semble encore plus ténue lorsqu'on constate que bon nombre de chercheurs sont d'avis qu'elle n'est que temporelle. Autrement dit, la science-fiction d'aujourd'hui peut s'avérer la réalité scientifique de demain. C'est le point de vue du chercheur en génie biomédical Steven B. : « Cette partie de magie est importante dans la poursuite de ce qu'on appelle les rêves, de ce qu'on appelle l'imaginaire ; ça nous aide, ces visions-là. Elles ne sont pas toujours réalistes. Parfois, on ne sait pas si elles sont réalistes, c'est-à-dire que maintenant, dans ce qu'on connaît, ça nous apparaît totalement irréaliste ; mais avec le temps ça peut devenir réaliste. » On touche ici à l'une des dimensions essentielles des discours publics sur les nanotechnologies, soit celle des prophéties autoréalisatrices[16]. L'effritement d'une ligne de partage claire entre science et science-fiction et la valeur heuristique accordée à l'imagination prospective contribuent à la mise en place d'une « politique du futur », où les promesses technoscientifiques tendent à se concrétiser à travers la mise en place de programmes de financement et d'infrastructures[17]. L'ingénieure physicienne Sylvie M. exprime parfaitement ce phénomène : « Ce qui était science-fiction il y a six ans, maintenant, c'est la réalité. Donc, ce qu'on pense aujourd'hui être de la science-fiction ou des spéculations pourrait devenir la vérité. Et les nanotechnologies, ça nous permet de rêver à cela. Les spéculations d'aujourd'hui seraient les réalisations de demain. »

Financer le futur : la fiction comme fuite en avant

Le financement de la recherche est au centre des préoccupations des chercheurs en nanotechnologies. Dans un contexte de concurrence internationale et de bulle spéculative, la quête de fonds constitue un enjeu crucial qui occupe une place prépondérante dans leur ligne d'action. Très conscients des enjeux économiques et politiques entourant le phénomène *nano*, certains chercheurs soutiennent que l'aspect hautement prospectif des logiques de financement dans ce domaine contribue à orienter leur programme de recherche. Le chercheur en génie chimique Yan B. commente cette situation : « Comme chercheur [...], c'est hyper stimulant d'avoir un discours comme celui-là qui est toujours une fuite en avant. C'est hyper stimulant parce que ça amène les organismes subventionnaires à augmenter les fonds dans ce domaine. Au niveau du laboratoire, cela nous force aussi à essayer de suivre le rythme, ce qu'on n'est pas toujours en mesure de faire au Canada [...]. C'est intéressant parce qu'on apprend assez rapidement à tendre l'oreille vers ces grandes idées prospectives et à gérer ça selon nos moyens. » Si la fuite en avant caractérisant le modèle de développement promotionnel des nanotechnologies constitue, pour certains, un défi servant à orienter les recherches, l'aspect publicitaire et fictionnel est vécu par d'autres comme une contrainte à la poursuite de leur carrière. Ainsi, comme l'explique Fanny R., chercheuse en génie biomédical, les discours futuristes aux accents prophétiques qui accompagnent les programmes de financement représentent non seulement un danger pour la crédibilité des politiques scientifiques, mais aussi un obstacle à la poursuite de recherches moins directement *glamour* : « S'il y a trop de *hype*, ce qui va arriver, c'est que le public va être déçu et qu'on va dire : "OK, il n'y a rien qui est sorti des *nanos*", et ils vont couper toutes les subventions […]. Si la science change toujours de cap, c'est difficile de se concentrer sur une question de base, il y a toujours des problèmes-vedettes […]. C'est difficile pour les scientifiques de se mettre sur un chemin et de garder ce chemin-là pendant toute leur carrière. On est toujours obligé de sauter vers ce qui est populaire. C'était vraiment le cas à la NASA parce que ça changeait toujours avec les politiciens et les idées du jour. Je trouve que ça nuit à la science. Pour ne pas décevoir le public, il faut pas trop promettre. »

Indissociables de la course au financement, la publicité et les promesses liées au développement des nanotechnologies s'inscrivent dans une logique économique, politique et sociale qui échappe aux chercheurs eux-mêmes. Pris dans le tourbillon des promesses et des débats, certains scientifiques se sentent en quelque sorte prisonniers de l'orientation futuriste des programmes de recherche, à laquelle ils doivent néanmoins se conformer pour rester dans la course, comme l'explique Steven B., chercheur en génie biomédical : « D'un côté, on profite du *hype* parce que ça nous donne de la visibilité et, de l'autre côté, nous sommes prisonniers en partie parce que finalement ce ne sont pas les scientifiques qui déterminent […] — enfin, c'est peut-être une petite partie des scientifiques aussi qui font, qui créent ces *hype* […]. D'ailleurs, plus on promet, plus on crée de résonances, plus ça paraît extraordinaire, plus les médias vont résonner. Une fois que la bulle est partie, qui peut l'arrêter ? »

NanoHollywood

Dans un contexte de compétitivité internationale où les programmes de recherche rivalisent sur la base de projections futuristes et de promesses scientifiques, les chercheurs se doivent de concevoir des stratégies publicitaires afin de convaincre les organismes subventionnaires d'investir dans leurs recherches. Dans ce marché de la subvention, la rédaction des demandes de fonds s'avère une entreprise de marketing où la frontière chancelante entre science et science-fiction joue un rôle central, comme le précise Marc R., chercheur en génie physique : « Écrire une demande de subvention, c'est écrire une belle histoire. Il faut qu'elle soit assez nouvelle, mais pas trop, pour ne pas te faire passer pour un fou. Assez vieille, mais pas trop, pour ne pas te faire dire que c'est déjà fait. Et, finalement assez bonne pour que les gens qui la lisent aient envie, à chaque phrase, de lire la suivante. C'est loin d'être évident. » Érigée au rang de discipline artistique, la rédaction d'une demande de fonds transforme donc le chercheur en un producteur devant faire preuve d'imagination et d'originalité pour promouvoir son projet dans ce que l'ingénieur Mathieu N. nomme « le NanoHollywood » de la recherche : « Une de nos stratégies, face à nos compétiteurs qui ont des gros laboratoires et des millions de dollars, c'est d'arriver avec des idées, des innovations. De faire des choses différentes. [...] On est un peu comme un producteur d'Hollywood sauf qu'on peut mettre des équations en arrière. [...] Ça fait quarante ans que le film *Le Voyage fantastique* est sorti [...] ; c'est le voyage fantastique qu'on fait, dans le fond. »

La bulle spéculative et financière autour des éventuels produits commerciaux issus du développement des nanotechnologies transforme purement et simplement certains chercheurs en vendeurs de rêve, en ce qu'ils participent activement à la logique de capitalisation de la recherche. En fait, lorsqu'il est question de mobiliser du capital de risque, la scientificité réelle des projets compte moins que leur potentiel publicitaire, comme l'explique le physicien Sébastien R. : « Si je crie assez fort que mon *show* va être le plus révolutionnaire, je lance une *start-up* [une entreprise] avec le *hype*. Je peux même faire une publication là-dessus. Les *venture capitalists* [investisseurs] vont mettre de l'argent là-dedans parce qu'ils ne sont pas intéressés par le produit qu'on fait, ils sont intéressés par le *hype* le plus grand possible pour pouvoir le vendre [...]. Si on est trop sérieux, on ne va pas trouver de *venture capitalists* [...]. Si je veux démontrer à mon université combien je suis important, je vais faire beaucoup de *hype*, comme ça, surtout aux États-Unis, ils vont me payer un grand salaire parce que certaines grandes universités sont un peu comme des équipes de football. Elles achètent des stars, des chercheurs, parce qu'ils peuvent obtenir beaucoup d'argent. » L'emballement spéculatif soutenu par les discours futuristes prend parfois des dimensions telles que la crédibilité des chercheurs peut en être ébranlée. C'est du moins le danger que perçoit le physicien Carl T. : « Dans la supervente, les scientifiques sont très bons, mais ça va durer combien de temps — quinze ans, vingt ans, trente ans —, le mensonge ? C'est exactement la durée du mensonge de l'intelligence artificielle qu'ils ont vendu à Reagan [...]. Donc, c'est pareil pour les *nanos* [...]. Que les scientifiques profitent un peu du système, c'est bien normal, moi, je ne joue pas les vierges offensées, j'en profite, OK ? [...] C'est ce que j'explique à mes jeunes quand je les embauche, je leur dis : "Écoutez, c'est du business d'aller chercher une subvention, c'est de la vente, en dehors de la profondeur scientifique." Mais on doit mettre une barrière quelque part en termes de crédibilité, et c'est là où je dis que la survente, c'est dangereux en termes de crédibilité. »

Lorsque l'imagination prospective dicte les politiques de financement, le premier risque perçu par les chercheurs est de perdre leur crédibilité auprès du public et des décideurs politiques. Après l'éclatement de la bulle Internet au début des années 2000 et les espoirs déçus par la recherche en génomique, la crainte de voir fondre les budgets consacrés aux nanotechnologies alimente, chez plusieurs chercheurs, une réflexion sur les limites des promesses portées par les nanotechnologies.

Aux limites des promesses

Devant l'ampleur des espoirs et des promesses soulevés par la conquête de l'infiniment petit, plusieurs chercheurs se montrent inquiets des conséquences possibles de cette surenchère prospective sur le développement de leur domaine de recherche. Pour Carl T., le principal danger est de voir le mythe ainsi créé se retourner contre les chercheurs en alimentant la peur du public : « Je trouve que le danger est justement de créer un mythe, et après on vit avec les conséquences du mythe. [...] D'abord, c'est l'éléphant qui va accoucher d'une souris ; ça, c'est clair parce qu'on crée trop d'attentes [...]. À un moment donné, il faut faire très, très attention parce qu'on fait peur aux gens. » Si la crainte de créer une dichotomie entre le public et les chercheurs poussent certains à relativiser la portée des promesses associées aux nanotechnologies, d'autres vont plus loin dans leur réflexion et questionnent à la fois leur responsabilité vis-à-vis du public et les finalités mêmes de leur recherche. C'est le cas du physicien Jacques H. : « C'est un discours très dangereux parce qu'on fait des promesses qu'on n'est pas capable de poursuivre. Donc, je n'aime pas trop ce discours du *nano hype*. C'est un discours très dangereux, c'est irresponsable, c'est comme promettre que dans cinq ans on va avoir des médicaments contre le cancer alors que ce n'est pas vrai. Nous avons une responsabilité envers les contribuables qui financent nos recherches. Il faut être réaliste dans nos promesses. De toute façon, moi, je suis un chercheur universitaire. Donc ce n'est pas dans mon mandat de trouver des médicaments contre le cancer ; moi, mon travail, c'est de former des étudiants, du personnel hautement qualifié. Je le fais à travers des projets de recherche fondamentale sur la matière. » Dans une optique plus pragmatique, le chimiste Raymond L. insiste, de son côté, sur la distance considérable qui existe entre les espoirs soulevés par les recherches en nanotechnologies et les difficultés concrètes inhérentes à la manipulation de la matière à cette échelle : « Quand on a commencé à travailler dans le domaine, on promettait le monde. On disait avoir des propriétés incroyables et finalement on est encore très, très loin des promesses dont on parlait au début. Probablement parce qu'il y a des problèmes qui n'ont pas été prévus. Entre autres, la dispersion à l'échelle nanométrique n'est pas aussi facile à faire [...]. Les perspectives miraculeuses qu'on pouvait en dégager se sont un peu évaporées dans notre domaine. Il y a beaucoup moins d'enthousiasme [...]. On voyait la solution à tout et actuellement on sait qu'il y a des limites [...]. Les propriétés que l'on obtient sont beaucoup moins bonnes que ce que l'on pensait pouvoir obtenir. »

Occupant une place prépondérante dans l'orientation des recherches en nanotechnologies, le domaine de la santé est sans nul doute celui qui suscite les plus grands espoirs. Guérir le cancer, vaincre le vieillissement ou encore reprogrammer les cellules endommagées, les promesses les plus folles nourrissent l'imaginaire du « voyage fantastique » à l'intérieur du corps humain auquel plusieurs chercheurs se réfèrent. Dans le champ de la nanomédecine, les recherches pour mettre au point des dispositifs de distribution des médicaments pouvant cibler un endroit très précis du corps semblent aller dans le sens de cet imaginaire. Pourtant, lorsqu'on confronte les promesses aux réalisations concrètes effectuées dans ce domaine, le côté spectaculaire disparaît, comme l'explique le chercheur en pharmacie Arnaud S. : « Quand on regarde aujourd'hui les quelques médicaments utilisant les propriétés des nanotechnologies qui sont sur le marché, ils ne sont d'abord pas très nombreux. Ils ont des avantages comparativement à des technologies qui existaient avant, mais ces avantages sont relativement mineurs par rapport à l'imaginaire qu'on peut se faire des nanotechnologies. Dans le milieu pharmaceutique, ce sont des systèmes qui sont un peu plus efficaces, qui sont un peu moins toxiques, qui sont un peu mieux absorbés par l'organisme, qui sont importants pour le patient, mais qui ne sont pas spectaculaires. Par contre, l'image qui est véhiculée, c'est l'image d'une révolution. »

L'ébranlement des frontières entre science et science-fiction propre à l'imaginaire des nanotechnologies participe donc d'une logique de fuite en avant des programmes de recherche et d'une course au financement dans le cadre desquelles les chercheurs interrogés occupent la double position de juge et de partie. Ainsi, malgré la distance critique dont ils font preuve à l'égard de la bulle spéculative entourant leur domaine de recherche, ils participent à l'alimenter à travers la « mise en récit » de leurs demandes de subvention. Même si les difficultés concrètes relatives à ce domaine de recherche constituent une limite objective aux promesses envisagées, il n'empêche que les potentialités inégalées des nanotechnologies ouvrent un espace encore inexploré qui dépasse en quelque sorte notre imagination.

Un monde au-delà de l'imaginaire

Ce n'est sans doute pas un hasard si l'imaginaire de la science-fiction a joué un rôle fondamental dans le développement des nanotechnologies. Imperceptible par les sens, la dimension nanométrique échappe aux capacités de représentation de l'esprit humain. Bien qu'encore très limitée, la capacité de manipuler la matière atome par atome dépasse, en un sens, l'imagination même des chercheurs[18]. C'est d'ailleurs ce qu'exprime Marc R., chercheur en génie physique :

« On ne voit pas à cette échelle [...]. Si l'imagination est plus importante que la connaissance, et qu'on n'est même pas capable de l'imaginer, on commence à être loin, comprends-tu ? » Même si la formule peut sembler alambiquée, il n'est pas insensé de dire que, si l'imaginaire a autant de poids dans le développement de ce domaine de recherche, c'est précisément parce que cette échelle dépasse l'imagination humaine. Ceci transparaît plus clairement lorsqu'il est question des capacités d'autoréplication des nanorobots tels qu'imaginés par Drexler. En témoignent les propos du chercheur Marc R. : « L'autoréplication, c'est un concept intéressant, c'est un concept enthousiasmant, mais c'est un concept dont la portée nous échappe [...]. Je pense que tout ce qui est création, genèse, etc., c'est quand même quelque chose de biologique [...]. On n'arrive même pas à imaginer qu'est-ce que ça signifie, un système qui s'autoréplique [...]. Non, moi, je ne suis pas contre, mais assez méfiant. J'attends qu'on me démontre que c'est quelque chose de contrôlable. »

Si les réalisations concrètes des nanotechnologies font piètre figure devant les promesses et les espoirs soulevés par l'exploration du nanomonde, il en va tout autrement lorsqu'il est question des retombées épistémologiques et culturelles de l'actuelle révolution technoscientifique. En ce sens, la question de la redéfinition des frontières entre vivant et non-vivant, et entre nature et technique représente un enjeu fondamental sur lequel il convient de se pencher.

CHAPITRE 3

Nature, technique et nanotechnologies : aux frontières de l'hybridité

> [À] *l'échelle où l'on se place nous-mêmes en tant qu'êtres vivants, nous sommes un regroupement d'atomes* […].
>
> Fanny R., chercheuse en génie biomédical

Tant sur le plan de leur conceptualisation que sur celui de leur potentiel d'application, les nanotechnologies participent d'une logique d'hybridation qui remet en cause les frontières culturellement établies entre vivant et non-vivant, entre nature et technique, et entre humain et machine[1]. Le postulat de l'unité de la matière au niveau nanométrique conduit à une indifférenciation de la matière organique et de la matière inorganique, d'où l'idée d'une intégration entre vivant et machine — comme c'est le cas, par exemple, avec l'ordinateur à base d'ADN. En fait, la question de l'hybridité, c'est-à-dire l'agencement possible d'atomes et de molécules d'origine organique et inorganique, est étroitement liée au renversement de perspective opéré par le changement d'échelle. Le projet de manipuler la matière atome par atome suppose donc un aplanissement épistémologique qui rend virtuellement possibles toutes les combinaisons[2]. Il faut ajouter, pour reprendre l'analyse de Jean-Pierre Dupuy, que le modèle du *bottom-up* n'est pensable que dans la mesure où la nature et la vie ont préalablement été redéfinies en termes nanométriques, c'est-à-dire comme des agencements d'atomes et de molécules[3]. Ce réductionnisme épistémologique transparaît clairement dans le programme de convergence des technosciences NBIC (nanotechnologies, biotechnologies, sciences de l'information, sciences cognitives) développé par la National Science Foundation en 2002[4]. Axé sur l'hybridation vivant/non-vivant et humain/machine, ce programme ambitionne d'améliorer les capacités humaines grâce aux nanotechnologies.

La représentation d'une nature immuable gouvernée par des lois physicochimiques est au cœur de la science moderne. Si, comme l'a montré l'anthropologue Philippe Descola, le dualisme nature/culture est une invention de l'Occident moderne et qu'il ne peut, de ce fait, prétendre à l'universalité, il n'empêche que la remise en cause du concept même de nature institué par la science possède d'importantes implications épistémologiques, culturelles et éthiques[5]. L'une des particularités épistémologiques des nanotechnologies réside justement dans la redéfinition du rapport entre nature et technique. Les nanotechnologies participent, selon l'historienne des sciences Bernadette Bensaude-Vincent, d'un double processus d'artificialisation de la nature et de naturalisation des techniques[6]. Le processus de naturalisation des nanotechnologies correspond à un argumentaire de type évolutionniste, selon lequel la nature est entièrement composée d'agencements d'atomes. Suivant cette perspective, le modèle ascendant, c'est-à-dire la manipulation de la matière atome par atome, ne fait que reproduire les mécanismes de la nature. De son côté, le processus d'artificialisation de la nature donne lieu à un argumentaire où les différentes composantes de la nature sont conçues comme des machines moléculaires. Dans les entretiens effectués avec les chercheurs, on retrouve ce double processus argumentatif. En fait, lorsqu'il est question de définir les frontières du vivant, de s'interroger sur le phénomène d'hybridation propre aux nanotechnologies ou encore de définir la spécificité de l'esprit humain, les chercheurs mobilisent divers modèles de la nature, parfois contradictoires. Cette observation rejoint l'analyse de Fern Wickson, qui a cerné neuf façons différentes de représenter la nature dans les discours d'accompagnement des nanotechnologies[7]. Qu'il soit question de l'imiter, de la contrôler, de l'utiliser, de la prolonger, de l'améliorer ou même de la transgresser, la nature demeure une référence incontournable pour les chercheurs, même si sa définition s'avère multiple et changeante.

La naturalisation des nanotechnologies

Dans une perspective résolument évolutionniste, plusieurs chercheurs en nanotechnologies conçoivent leur démarche de recherche en continuité directe avec les processus naturels. Rejetant d'emblée toute forme de dualisme épistémologique, certains adoptent même une posture philosophique qui consiste à présenter l'être humain et ses actions comme parties prenantes de la nature. Les propos du physicien Jacques H. illustrent parfaitement cette position : « Je pense que nous faisons partie de la nature. On développe des procédés qui n'existent pas dans la nature en tant que tels, mais on fait quand même partie de la nature, donc ce procédé est dans une certaine mesure naturel [...]. » Non seulement ce positionnement de l'être humain comme partie prenante de la nature permet de contourner les questions épistémologiques et éthiques relatives à la manipulation et à la transformation de la matière, mais il favorise aussi un certain déterminisme technoscientifique en plaçant les nanotechnologies sur le plan du processus évolutif. La nature étant essentiellement composée d'atomes et de molécules, les nanotechnologies n'« inventent » rien, elles ne font que refaçonner des éléments naturels ; c'est ce que soutient le chercheur en génie physique Marc R. : « De par le fait qu'on regarde au niveau atomique ou moléculaire [...], on revient à des produits de base que la Nature avec un grand N a déjà utilisés [...]. Si je regarde le bois, c'est un agencement d'atomes de carbone, d'hydrogène et d'oxygène. Aujourd'hui, on fait des polymères avec les mêmes trois constituants selon des formes qui n'étaient pas présentes dans la nature, mais à la base, ce sont les mêmes atomes. Les briques sont les mêmes. Aujourd'hui, on fait un château, demain on détruit le château et on prend les briques pour en faire une cave à vin. »

L'un des exemples les plus explicites du processus discursif de naturalisation des nanotechnologies concerne le statut octroyé aux fameux nanotubes de carbone, dont les propriétés exceptionnelles en font l'un des emblèmes de la conquête de l'infiniment petit[8]. À la fois éléments présents dans la nature et produits de synthèse, ils représentent l'ambiguïté de la définition du concept de nature, comme en témoigne cette citation d'Olivier S., chimiste : « Les tubes de carbone, par exemple, on pourrait dire que c'est fait par l'homme, mais pas vraiment parce que c'est fait naturellement comme ça dans des conditions particulières. C'est la nature qui favorise cette structure-là. » Si la nature demeure une référence fondamentale chez plusieurs chercheurs en nanotechnologies, celle-ci est toutefois assimilée à l'évolution en tant que telle. Ainsi, la distinction entre nature et nanotechnologies apparaît comme étant d'ordre strictement temporel. La possibilité de manipuler la matière à l'échelle de l'atome permet de court-circuiter le temps long de l'évolution et du processus d'adaptation. Cette accélération de l'évolution rendue possible par la manipulation de la matière à l'échelle atomique ne va pas sans soulever des questions quant aux impacts environnementaux de cette accélération ; c'est du moins ce qui ressort des propos du chercheur en génie physique Marc R. : « Je pense qu'à la base on a les mêmes éléments [...], mais certains produits ou éléments qui nous entourent sont issus d'un processus évolutif. Quand je dis "évolutif", ça signifie que l'homme, l'environnement et les autres éléments vivants sur terre ont eu le temps de s'y adapter. Quand j'amène quelque chose de synthétique, dans un réacteur, dans un laboratoire, à des pressions incroyables, à des températures qui n'existent pas dans la nature avec des processus qui n'ont jamais existé dans la nature, je crée quelque chose. Si après j'insère ça dans le monde naturel, avec le climat, les processus physiologiques et les autres éléments vivants sur terre, alors là, je vais peut-être déranger. Eux, ils n'ont pas eu le temps de s'adapter à tout ça. Il y a des éléments sur terre qui n'existent pas à l'échelle *nano*. L'homme est capable de les fabriquer ou de les réduire à l'échelle *nano*, mais est-ce qu'une poudre de plomb avec deux nanomètres en moins est plus ou également dangereuse qu'une poussière de plomb à l'échelle micron dans l'industrie du plomb ? Ça, on n'en sait rien. Ça, on le saura un jour peut-être. Vous et moi, probablement, on ne le saura pas. On amènera ça avec nous. » Même s'il reconnaît que les nanotechnologies pourraient perturber les processus évolutifs, ce chercheur continue à se référer à la nature comme à une réalité englobant les retombées de l'activité humaine : « Pour moi, la nature ça reste [...], mais ça, c'est vraiment de la philosophie, hein ? La nature [avec un] N majuscule — la Nature, donc la mère, Dieu pour certaines cultures, et après si on est un peu plus scientifique, on pourrait parler d'un processus évolutif naturel [...] —, ça joue au niveau des gros problèmes que nous rencontrons comme les changements climatiques [...]. C'est un processus que peut-être on a aggravé, peut-être on a accentué, peut-être on a accéléré, peut-être on aurait pu inhiber, mais c'est un processus naturel. »

Ramenée à un agencement d'atomes et de particules, la nature est donc conçue par les chercheurs en nanotechnologies comme le fruit de l'évolution, dont les contours sont difficiles à définir puisqu'elle inclut, aux yeux de certains, les transformations causées par les percées technoscientifiques.

Transformer, améliorer et reproduire la nature

Loin d'une conception romantique, la nature apparaît dans le discours des chercheurs en nanotechnologies comme un processus sur lequel on peut intervenir. Non seulement la nature est conçue comme une force maîtrisable, mais elle est déconstruite en une série d'éléments, ou atomes, que l'on peut exploiter et manipuler à des fins utilitaires et commerciales. La frontière entre nature et technique s'avère difficile à cerner dans le discours des chercheurs; certains tentent toutefois de distinguer les processus naturels des transformations découlant des nanotechnologies. C'est notamment le cas de la chercheuse Fanny R. : « Effectivement, le *nano* est présent partout, mais là, c'est l'homme qui utilise ça pour créer autre chose [...]. Je fais la différence entre ce qui est le *nano* naturel et ce qui est l'intervention de l'homme en vue de reproduire ce qui était observé dans la nature au niveau *nano*. Ce sont deux choses qui sont différentes, à mon avis. » Même si la nature demeure pour les chercheurs en nanotechnologies un modèle à imiter et à reproduire, celle-ci n'apparaît plus comme un idéal de perfection, mais plutôt comme une série de solutions, plus ou moins réussies, bricolées par l'évolution. Ainsi, la possibilité de manipuler et de remodeler la matière à partir des briques essentielles permet non seulement de créer de nouveaux agencements qui n'existent pas à l'état naturel, mais aussi d'améliorer la nature elle-même en plaçant les particules « à la bonne place ». C'est du moins ce que soutient le chimiste Raymond L. : « Nous, ce qu'on fait, c'est qu'on crée des nouvelles choses parce que ce n'est pas évident que ça peut se faire naturellement. Parce que finalement on prend des éléments de je ne sais pas où, d'Amazonie, de l'Himalaya, et on les place au Canada pour faire quelque chose de différent. C'est un exemple, là, mais c'est un peu ce qu'on fait. On prend une surface d'une électrode, on change ses propriétés de surface et ensuite on essaie de construire des particules métalliques sur ces surfaces-là. Donc, on a deux éléments. Notre premier élément qui est modifié, puis, ensuite, on fait les particules dessus. C'est pour ça que c'est de la nature, d'accord, mais c'est de la nature qu'on a mise à la bonne place. » Le projet de recréer la nature constitue, selon le philosophe des sciences Jean-Pierre Dupuy, l'une des particularités du programme des nanotechnologies. Alors que les biotechnologies ont pour objectif d'utiliser et de reproduire les processus naturels, « le projet nanotechnologique est beaucoup plus radical », dans la mesure où le modèle de l'ingénierie qui prédomine suppose la création d'une « nature artificielle[9] ».

L'artificialisation de la nature

L'une des principales ambitions poursuivies par les recherches en nanotechnologies est d'arriver à reproduire artificiellement certaines caractéristiques des organismes naturels au moyen de ce qu'il est convenu d'appeler le « biomimétisme ». Voici la définition qu'en donne le chercheur en pharmacie Arnaud S. : « On essaie de reproduire des matériaux qui ont des propriétés particulières, qui ressemblent parfois aux propriétés qu'ont certaines composantes naturelles du corps de dimensions similaires. [...] On reproduit ça de manière artificielle [...]. Les systèmes avec lesquels on travaille n'ont pas la capacité de se multiplier, de se reproduire. Par contre, ils sont capables de mimer certaines propriétés naturelles du vivant qui ont la même échelle, la même taille. Mais cette distinction, en fait, c'est une question qu'on ne pose pas ; je ne sais pas si c'est une question importante à se poser. » Avec le biomimétisme, on touche à l'une des caractéristiques particulières des représentations de la nature portées par les nanotechnologies. En effet, comme l'a analysé Bernadette Bensaude-Vincent, la volonté d'imiter la nature, de reproduire des caractéristiques propres au vivant repose sur une conception artificialiste de la nature[10]. Autrement dit, la nature apparaît comme un superbe travail d'ingénierie qu'il s'agit d'imiter. En ce sens, le processus de naturalisation des nanotechnologies n'est qu'une des facettes d'une logique plus globale de technicisation de la nature, comme l'illustrent les propos de Steven B., chercheur en génie biomédical : « Le génie génétique, c'est justement de jouer avec des molécules en exploitant les machines, les nanomachines de la vie, on leur donne juste un petit coup de pouce [...]. On peut les guider à faire finalement ce qu'on veut en utilisant des enzymes [...]. Vu que chaque cellule, c'est finalement un nanosystème autonome, vous injectez dans ce nanosystème les instructions sous forme de gènes [...]. D'un autre côté, la nature explore elle aussi beaucoup de possibilités de se développer dans différentes directions [...]. Maintenant, on essaie de prendre les mêmes blocs Lego, si on peut dire, et de construire. On essaie de comprendre comment ils s'assemblent afin de construire de nouveaux systèmes [...]. Oui, maintenant on peut créer des êtres vivants, en quelque sorte. »

Comme l'a analysé le philosophe Jean-Pierre Dupuy, c'est parce que la nature a préalablement été redéfinie en termes d'ingénierie atomique que les nanotechnologies se donnent pour mission de la reproduire, de la transformer et de l'améliorer[11]. Pour bien comprendre les enjeux épistémologiques, éthiques et culturels relatifs au biomimétisme, il faut toutefois préciser que le modèle de la nature est en fait celui du vivant. Les propos du chercheur en pharmacie Arnaud S. sont éclairants sur ce point : « On est en train de reproduire de manière artificielle les propriétés d'un microorganisme qui existe à l'état naturel. Et là, on se rapproche peut-être de votre thématique, c'est-à-dire qu'on reproduit un petit peu le vivant — et encore je n'aime pas trop l'expression "vivant" parce qu'il y a des gens qui considèrent que les virus ne sont pas des êtres vivants —, mais en tout cas on reproduit les micro-organismes naturels de manière artificielle avec des matériaux et des propriétés issus de la nanotechnologie ; et on utilise d'ailleurs l'expression "virus artificiel". Et si on regarde finalement, c'est vraiment un système qui va être capable d'interagir avec son environnement comme peut le faire un virus, d'amener de l'ADN dans une cellule comme peut le faire un virus, et éventuellement de disparaître. » Au-delà du projet de refaçonner la nature, le biomimétisme participe en fait d'un ébranlement des frontières entre vivant et non-vivant où les éléments fondamentaux de « l'ingénierie du vivant » deviennent des machines au service de finalités humaines. Voici ce qu'en dit la chercheuse en génie chimique Claire D. : « Moi, je le regarde [l'ADN] comme une molécule. Ensuite, mon collègue, qui est chirurgien orthopédiste, il veut injecter ces nanoparticules qu'on fabrique avec de l'ADN dans le genou pour que se forme une protéine qui va lutter contre l'arthrite ; alors lui, je ne sais pas comment il regarde l'ADN... Il regarde l'ADN comme une machine à préparer ces protéines. Est-ce que vous appelez ça quelque chose de vivant ? » La question reste entière.

Dans les discours des chercheurs en nanotechnologies, le vivant apparaît donc à la fois comme un modèle d'ingénierie naturelle à imiter et comme une série de machines moléculaires pouvant servir d'instruments. Cette technicisation du vivant conduit à une redéfinition des frontières entre vivant et non-vivant, qui, à l'échelle nanométrique, tendent à s'effacer.

Aux frontières du vivant

Poussant plus loin les présupposés théoriques de la biologie moléculaire et du génie génétique, les nanotechnologies procèdent d'une indifférenciation du vivant et du non-vivant. Suivant le postulat de l'unité de la matière à l'échelle nanométrique, la molécule d'ADN, pourtant centrale dans la compréhension du vivant, devient, pour reprendre les propos du physicien Sébastien R., « une molécule comme n'importe quelle autre molécule [...]. Pour nous, c'est une molécule qui a une connotation, mais l'origine, la façon qu'on l'utilise, qu'on la synthétise, n'a aucune relation avec quelque chose de vivant ». Coupée de sa provenance, la molécule d'ADN apparaît donc comme étant complètement dissociée de la question même du vivant. Elle devient, selon le physicien Carl T., une ressource utilitaire pour la recherche : « On utilise l'unité de la matière, on n'utilise pas la notion de vivant. Un tube de carbone, c'est cinq carbones qui sont organisés comme ça, et on utilise l'ADN parce que c'est organisé d'une manière hélicoïdale [...]. Autour de l'ADN, il y a l'aura du vivant, il y a l'aura de l'être humain, mais au départ, la personne qui regarde, elle regarde — comme une hélice de carbone — comment ça se transmet en électricité. Ce n'est pas vraiment de l'ADN. » En dehors des questions d'ordre éthique et épistémologique qu'elle soulève, la distinction entre vivant et non-vivant s'avère donc problématique dans le champ des nanotechnologies. Interrogés sur ce point, plusieurs chercheurs expriment la difficulté d'établir une telle frontière. Ainsi, selon l'ingénieur chimiste André L., les nanotechnologies se situent aux limites du vivant : « Ce n'est pas facile à distinguer, c'est un problème à un moment donné. On est à la limite de la distinction, quoi. Une particule d'ADN ou une particule inerte à côté, est-ce qu'on peut jouer là-dessus ? C'est sûr qu'une particule complètement inerte, c'est quelque chose qui ne bougerait pas, il n'y aurait pas de mutation, il n'y aurait pas de changement, il n'y aurait pas de reproduction. Alors qu'une particule qui peut bouger, habituellement elle va croître avec ses propres éléments. Alors, moi, je suis vraiment du côté des particules qui en principe ne bougent pas [...]. La distinction se fait à une échelle tellement fine qu'on ne peut plus distinguer un groupe de l'autre, peut-être. »

Confrontés à la difficulté d'établir une différence entre vivant et non-vivant à l'échelle nanométrique, certains chercheurs font appel à d'autres dimensions ou à des référents culturels pour accorder un statut particulier au vivant. Les propos de la chercheuse Claire D. offrent un bon exemple : « Le vivant, moi, je le vois plutôt à l'échelle macro, mais ça peut être une déformation, hein ? Je ne sais pas. Vous savez, ça dépend aussi de votre culture [...]. Moi, mes parents étaient catholiques, donc j'ai été imprégnée par ce truc-là, et on a une certaine vision du vivant, n'est-ce pas ? ». Il faut bien voir qu'en nanotechnologies la dimension est à ce point fondamentale que la question du vivant ne se pose pas concrètement. Elle n'apparaît qu'au niveau macro, c'est-à-dire à l'échelle cellulaire, comme le rappelle le chercheur Yan B. : « Il y a plusieurs frontières, plusieurs échelles au vivant, quant à moi. C'est clair que si l'on regarde au niveau cellulaire, enfin pour moi au niveau strictement vivant [...], on pourrait aller à d'autres échelles, mais pour moi, c'est la base où il peut y avoir autoréplication. Bon, un virus n'est pas vivant parce qu'il ne peut pas se répliquer tout seul. Un phage, ce n'est pas vivant parce que ça ne peut pas se répliquer tout seul, il a besoin d'un autre pour se répliquer, il a besoin d'une cellule. Donc, moi, je dirais *a priori*, comme ça, que la vie, en termes de vie avec un V minuscule, c'est l'unité cellulaire. » Même si la cellule demeure l'unité première de référence lorsqu'il est question de définir les contours de la vie, plusieurs chercheurs en nanotechnologies accordent un statut particulier aux virus, parce qu'ils permettent justement d'explorer les frontières entre vivant et non-vivant. Citons sur ce point les propos de Sylvain C., chercheur en génie biomédical : « Je peux parler en tant que microbiologiste. On sait depuis longtemps qu'il y a certains microbes qu'on appelle les virus qui sont carrément à la frontière entre la matière inorganique et le vivant. Il existe plusieurs définitions de la vie. Je ne suis pas un spécialiste de ce genre de réflexions, mais d'un point de vue pratique, cela a des implications dans notre travail parce que, justement, comprendre comment les virus arrivent à survivre à cette frontière entre ce qui est vivant et ce qui n'est pas vivant et continuent à se répliquer intéresse les chercheurs en *nanos*. On cherche l'espèce de fusion où les nanostructures vont se répliquer elles-mêmes. »

L'unité de la matière à l'échelle nanométrique, le modèle du *bottom-up* et la volonté de reproduire artificiellement certaines caractéristiques du vivant contribuent non seulement à ébranler les frontières épistémologiques et culturelles entre vivant et non-vivant, mais à tenter d'en établir de nouvelles, comme le fait la chercheuse en génie biomédical Sandra V. : « Le déséquilibre chimique, c'est un signe de la vie, c'est-à-dire qu'il y a quelque chose qui a créé un débalancement chimique qui peut prendre de l'énergie à partir de l'environnement et le mettre en soi. Ce n'est pas nécessairement une cellule qui fait ça […]. Mais si jamais on va sur une autre planète et qu'on voit ces signes de déséquilibre, s'il y a du fer qui est séparé en fer 2+, fer 3+, ce genre de choses là, on peut dire : "OK, c'est un signe de la vie." Après cela, on va chercher les cellules ou les choses comme les cellules qui sont capables de faire ce genre de déséquilibre. C'est le déséquilibre qu'on essaie de définir comme vie, même avant de chercher des cellules. » Au-delà de la cellule ou du virus, la reconnaissance du déséquilibre chimique comme signe de vie illustre bien la redéfinition des frontières du vivant portée par les nanotechnologies. Ce redéploiement frontalier favorise une logique d'hybridation entre vivant et non-vivant qui s'avère essentielle à la compréhension des enjeux éthiques et épistémologiques des nanotechnologies.

Vers un processus d'hybridation

Popularisé par le sociologue des sciences Bruno Latour, le concept d'hybride est au cœur des discours contemporains sur les technosciences[12]. Dans la perspective constructiviste de Latour, la notion d'hybride recoupe autant des artefacts humains composés à partir d'éléments naturels que des phénomènes naturels modifiés par l'intervention humaine (par exemple, la couche d'ozone). Opposée au dualisme nature/culture, la notion d'hybride s'applique plus spécifiquement aux produits des technosciences contemporaines. Dans le cas des organismes génétiquement modifiés, il devient pratiquement impossible de dissocier nature et artifice puisqu'il s'agit d'un organisme vivant dont le génome a été modifié en laboratoire. Le postulat de l'unité de la matière à l'échelle nanométrique, la remise en cause des frontières entre vivant et non-vivant et la volonté de décloisonner les disciplines scientifiques font des nanotechnologies le symbole même de l'hybridation technoscientifique. Le sociologue Chris Hables Gray soutient d'ailleurs dans son livre *Cyborg Citizen* que

« les nanotechnologies ne sont pas uniquement une partie de la technoscience contemporaine, elles sont l'expression de l'âge postmoderne avec toutes ses caractéristiques : bricolage, vitesse, information, ambiguïté identitaire[13] ». Sans aller aussi loin dans l'affirmation de l'hybridation comme valeur, plusieurs chercheurs abordent directement cette question. Les propos de la chercheuse Sandra V. sont très éloquents sur ce point : « Je pense que c'est une bonne chose, l'hybridation, parce qu'il faut que ces frontières-là fondent. Il faut que tout le monde commence à comprendre tous les matériaux de la vie ou de la planète. Moi-même, philosophiquement, je dirais qu'il n'y a pas une grosse différence entre une particule d'or et une particule de fer qui fait partie de globules rouges dans le sang. Tout est lié, surtout à cette échelle-là, et comprendre la biologie, comprendre le fonctionnement d'un neurone est intimement lié à la fonction de particules inorganiques à la même échelle. En fait, je pense que la solution à la compréhension de la vie est liée à la compréhension des particules inorganiques à la même échelle. » Pour cette même chercheuse, les frontières disciplinaires constituent désormais un obstacle à la compréhension globale des phénomènes. La notion d'hybridité rend le découpage entre la biologie, la chimie ou la physique inutile et inopérant : « C'est très difficile de distinguer, et je dirais même que ce serait mieux de réunir les champs de travail, de rejeter les distinctions entre la biologie, la chimie et la physique, et de dire que toutes ces molécules ont des propriétés qu'on va commencer à comprendre. Si on réussit à les lier, à les mettre ensemble, à les faire marcher ensemble, on aura franchi cette barrière et ce ne sera plus nécessaire de penser à la biologie, à la chimie ou à la physique. »

Hautement problématique, la notion d'hybridation ressort avec encore plus d'évidence lorsqu'il est question de biomimétisme. Les recherches qui visent à reproduire des tissus osseux offrent, en ce sens, un parfait exemple du processus d'hybridation puisque les composantes d'origine biologique et d'origine synthétique fusionnent au point qu'elles deviennent indissociables. Fanny R., chercheuse en génie biomédical, explique ce phénomène : « À l'heure actuelle, un exemple tout bête, c'est qu'on extrait le collagène de type 1, qui est la protéine principale au niveau de la partie organique du tissu osseux. C'est 90 % de notre tissu osseux au niveau organique. C'est une protéine qui se retrouve dans toutes les espèces. Si vous l'extrayez d'un rat, par exemple, et que vous la réimplantez après chez l'humain, ça va être peu immunogène, et votre réponse immunitaire va être faible ; je ne dis pas qu'elle va être inexistante, mais elle va être faible. Le problème, c'est que le collagène tout seul, c'est bien beau, mais au niveau résistance mécanique il n'a pas toutes les propriétés de l'os. Pourquoi ? Parce que dans votre os, dans vos tissus osseux, vous avez une partie inorganique importante : le calcium phosphate [...]. En fait, quand on essaie de recréer cela, on va mélanger le collagène avec une partie inorganique. On essaie donc de recréer un matériau qui se rapproche de la composition du tissu osseux. À ce niveau-là, on a un mélange organique et inorganique. En fait, la frontière, elle est très, très mince parce que dans le tissu osseux il n'y a pas les éléments organiques d'un côté et les inorganiques de l'autre, les deux sont combinés. »

Au-delà du biomimétisme et de la volonté de reproduire artificiellement certaines caractéristiques du vivant, l'aboutissement de la logique d'hybridation portée par les nanotechnologies mène à un projet beaucoup plus ambitieux, soit celui de créer artificiellement des organismes vivants sur la base d'une manipulation des composantes élémentaires de la vie. La biologie synthétique représente en fait l'étape ultime du double processus de naturalisation des nanotechnologies et d'artificialisation de la nature[14]. Le chercheur en génie biomédical Steven B. évoque ce domaine de recherche visant à créer de nouvelles formes de vie : « Il y a des gens qui essaient maintenant de créer des acides aminés nouveaux en intégrant des bases d'ADN différentes. C'est-à-dire par l'intégration de parties synthétiques dans des molécules en utilisant la machine de production biologique. Si l'on parle d'hybride organique, je pense que c'est un exemple de transformation de la matière vivante en faisant finalement des opérations qu'on pourrait qualifier de nanotechnologiques, dans le sens qu'elles s'opèrent vraiment avec des molécules et que l'on utilise vraiment la machinerie de la cellule pour faire ça. Il y a aussi tout un courant de recherche qui essaie de créer des organismes vivants de façon synthétique [...]. En fait, il y a des gens qui essayaient de faire cela, mais pas en utilisant ce qu'on regarde comme les *nanos* : en utilisant des techniques de biologie moléculaire. La biologie moléculaire a été englobée dans la vague *nano* parce que c'était un domaine assez large aussi [...]. Ça permet de travailler à l'échelle des molécules et de les synthétiser. »

La biologie synthétique nous amène à bien saisir l'ampleur des questions soulevées par la logique d'hybridation. Dans ce contexte, la distinction entre nature et technique et entre vivant et non-vivant devient pratiquement inopérante. La pertinence d'établir une telle distinction n'est d'ailleurs pas toujours évidente pour les chercheurs eux-mêmes, sauf lorsqu'il est question de manipulation impliquant directement l'être humain, comme le précise Sandra V., chercheuse en génie biomédical : « [Pour] toutes ces sortes de molécules-là, ce n'est pas nécessaire de faire ces distinctions-là. Moralement, c'est peut-être parfois nécessaire s'il s'agit d'introduire quelque chose dans le corps humain. » Toute la question est alors d'établir les frontières du corps humain, ce qui est loin d'être simple du point de vue *nano*.

L'esprit et la machine

La logique d'hybridation et les potentialités inégalées des nanotechnologies nourrissent chez certains scientifiques l'espoir de transformer et d'améliorer radicalement la nature humaine au moyen d'une fusion humain/machine. Inscrite en toutes lettres dans le programme de recherche NBIC mis en place par la National Science Foundation, la volonté de rendre l'être humain plus performant soulève la question du statut de la subjectivité. Jusqu'où peut-on intervenir sur le corps d'un être humain sans remettre en cause son identité ? Sans être exclusive aux recherches en nanotechnologies, cette interrogation éthique prend tout son sens lorsqu'il s'agit, par exemple, d'injecter des cellules neuronales saines dans le cerveau d'une personne atteinte de la maladie d'Alzheimer. Yan B., chercheur en génie biomédical, exprime son malaise par rapport à ce type d'intervention : « Si l'on prélève des neurones sains chez un patient B, qui n'a pas le Parkinson (il a peut-être l'Alzheimer, on ne sait pas), et qu'on injecte au patient A les nouvelles cellules neuronales qui recolonisent le cerveau, à ce moment, cette personne-là est devenue qui ? Alors, là, j'ai un problème éthique. Si l'on met un bras artificiel, aucun problème. C'est que la vie, c'est l'esprit. En fait, c'est la capacité de réflexion. La capacité de réflexion, c'est biologique. Moi, je la vois comme biologique. Alors, si on touche à cela, on touche à quelque chose de grave au niveau éthique. Si on essaie de faire voir des aveugles avec des yeux basés sur des nanotechs, ou des choses comme ça, je n'ai pas de problème parce que là on ne touche pas à la capacité de réflexion de l'humain. »

Si, pour Yan B., l'esprit et la capacité de réflexion touchent au fondement même de la personne humaine, d'autres, comme le physicien Sébastien R., s'interrogent sur la possibilité de reproduire artificiellement la pensée : « Une des grandes questions pour moi, c'est de savoir quelle est la différence entre un cerveau de poule et un ordinateur puissant en silicium. Est-ce que je peux répliquer en silicium la structure, l'architecture, les pensées d'une poule, et par extension notre pensée ? En principe, je pense que ça doit être possible. » Avec ce type d'interrogation, on s'approche du fantasme cybernétique d'une éventuelle hybridation de l'esprit humain et de la machine[15]. Ainsi, le lien de filiation rattachant les nanotechnologies à la cybernétique et à l'imaginaire du cyborg apparaît clairement dans les propos du physicien : « Si j'arrive à construire un ordinateur très, très puissant [...], si j'arrive à faire un plus grand World Wide Web et à faire une connexion avec tous les ordinateurs branchés à Google, tout le temps, avec toutes les informations [...], est-ce que ce système pourrait développer ses propres pensées ou non ? » Aussi étrange qu'il puisse paraître, ce questionnement montre bien l'étendue des questions soulevées par la logique d'hybridation portée par les nanotechnologies. Le redéploiement des frontières entre nature et technique, entre vivant et non-vivant et entre humain et machine pose inévitablement la question de l'identité humaine et des limites du contrôle technique.

CHAPITRE 4

Un modèle parfait de technoscience

> *Il n'y aurait pas de sciences sans technologies, mais en même temps la science doit rêver des choses que la technologie d'aujourd'hui ne peut pas faire.*
>
> MARC R., chercheur en génie physique

Orientées vers des applications concrètes dans des secteurs aussi diversifiés que l'industrie des matériaux, le transport, l'informatique, les télécommunications, le biomédical et le militaire, les recherches regroupées sous l'étiquette nano participent d'un réductionnisme technologique qui contribue à brouiller les frontières entre science et technique[1]. Autrement dit, la connaissance scientifique est assimilée à ses potentialités techniques. Le projet de maîtriser et de manipuler la matière à l'échelle des atomes témoigne de la prédominance épistémologique accordée à l'application technique. Suivant l'analyse élaborée par le sociologue Cyrus C. M. Mody, les discours publics et scientifiques accompagnant le développement des nanotechnologies se caractérisent par un double déterminisme technologique[2]. Ainsi, on retrouve deux types d'arguments déterministes. Le premier type se rapporte à un modèle d'inspiration darwinienne de l'évolution autonome des technologies dont l'évocation de la loi de Moore, très fréquente dans les discours des chercheurs et des investisseurs, demeure l'exemple le plus probant[3]. Dans cette logique, le développement technologique est présenté comme un phénomène inéluctable. Les propos de la chercheuse Sylvie M. vont clairement dans ce sens : « On ne peut pas empêcher la technologie d'avancer [...], la nanotechnologie a toujours existé. » Le second type d'arguments présente la technologie comme le déterminant majeur du développement socio-économique. Même si la référence à l'évolution autonome des nanotechnologies est très présente dans les discours des chercheurs interrogés, c'est le déterminisme socioéconomique qui prédomine, comme l'illustre de manière exemplaire cette affirmation du chercheur Steven B. : « Les technologies sont vraiment essentielles au progrès scientifique. Et après, le progrès scientifique apporte des bénéfices sociaux. » Dans un ouvrage récent, l'historienne des sciences Bernadette Bensaude-Vincent fait d'ailleurs remarquer que « la technoscience telle qu'elle se déploie aujourd'hui se distingue moins par un renversement des priorités entre science et technique que par une entrée en scène des politiques, puis du marché dans le monde de la recherche[4] ». Si l'on additionne la logique de convergence interdisciplinaire à l'importance accordée aux applications technologiques et à la bulle spéculative qui préside à la conquête de l'infiniment petit, les nanotechnologies constituent sans nul doute le modèle de la technoscience contemporaine.

La puissance de l'instrument : voir, manipuler et contrôler

Loin d'être neutre, le terme *technoscience* réfère à la fois à une logique d'instrumentation scientifique, à un utilitarisme de la recherche et à un modèle politicoéconomique d'organisation sociale. Forgé par des sociologues et des philosophes des sciences qui, tout en voulant contrer l'image idéalisée d'une science pure et autonome, désiraient montrer l'enchevêtrement des sciences, des technologies et des dispositifs socio-économiques, le vocable *technoscience* n'apparaît jamais dans les propos des chercheurs[5]. N'empêche que l'ensemble des dimensions épistémologiques, sociales et économiques qui recoupent cette notion se retrouve très explicitement dans leurs discours et leurs préoccupations — à commencer par la primauté accordée à l'instrumentation dans le développement des connaissances. Le physicien Sébastien R. est d'ailleurs très clair sur ce point : « C'est toujours les instruments qui repoussent les frontières de la connaissance, et c'est pourquoi je suis resté dans le domaine du développement des instruments. » Le lien étroit unissant l'instrument technique et la connaissance scientifique ne date évidemment pas d'hier : il remonte au moins jusqu'à Galilée et à sa fameuse lunette astronomique. Cela dit, la particularité du rôle joué par l'instrumentation dans les nanotechnologies est d'un tout autre ordre puisque l'instrument, en l'occurrence le microscope à force atomique (AFM), transcende les limites imposées par le système perceptif humain afin de permettre au chercheur de voir l'invisible, d'appréhender l'infiniment petit. Le chercheur Steven B. explique la particularité de cet instrument : « En nanotechnologies, on ne voit plus rien de façon directe. Beaucoup de phénomènes, vous ne les voyez qu'à travers une panoplie d'instruments qui permettent de voir les phénomènes qui se passent à cette échelle. Surtout si on parle d'application physique. Si vous voyez une image faite par AFM, en fait, ce n'est pas une image au sens propre, comme une image qu'on voit, c'est une image qui est faite en scannant sur la surface et en enregistrant à chaque endroit une force. Après, on utilise un programme informatique qui va transformer la force mesurée en une couleur plus ou moins noire et blanche [...]. Donc, des effets comme ça, on ne les voit pas. »

Contrairement à la conception courante de l'instrument comme simple prolongement des sens, l'instrumentation utilisée en nanotechnologies est indissociable d'une logique de contrôle et de manipulation. Puisque l'observation physique d'un atome est impossible, seule la manipulation des atomes et la modélisation informatique permettent de visualiser le phénomène[6]. Le rapport fusionnel qui s'instaure entre perception et manipulation à l'échelle nanométrique participe d'une épistémologie proprement technoscientifique qu'on peut résumer par l'expression « voir, c'est faire[7] ». Ainsi, l'instrumentation constitue à la fois la condition et la limite des capacités de visualisation et de contrôle des chercheurs, comme le souligne le chercheur en génie physique Nicolas L. : « On ne contrôle pas toutes les propriétés parce qu'on ne peut pas les voir. Par exemple, les couches minces, on utilise plein d'instruments pour aller voir leurs propriétés, leur épaisseur optique, leur masse, les structures de ces couches-là, mais c'est encore incomplet. On pense, on peut spéculer, faire des hypothèses à partir des résultats qui sont quand même obtenus à partir des instruments les plus spécialisés qui soient, mais qui sont encore incomplets. Donc, ça fait en sorte qu'on obtient parfois un résultat qu'on n'avait pas prévu [...]. » Le rôle central qu'occupe l'instrumentation en nanotechnologies favorise l'apparition d'une logique circulaire où les manipulations effectuées grâce à un type d'instrument ne peuvent être réellement analysées et comprises que par le développement et le raffinement de nouveaux instruments. La chercheuse Fanny R. explique très bien ce phénomène : « On développe des nanotechnologies, mais si en même temps, de l'autre côté, on ne développe pas des outils capables d'aller comprendre ce que l'on développe au niveau des nanotechnologies, on fait comme un cercle, quoi. Il arrive un moment, et c'est le cas à l'heure actuelle, où l'on essaie de caractériser au mieux les surfaces et les matériaux que l'on développe, mais on est limité par l'approche que l'on a pour cette caractérisation et par les techniques utilisées pour cette caractérisation. »

Comme le sous-tendent les propos de Fanny R., les capacités de manipulation de la matière à l'échelle nanométrique n'entraînent pas automatiquement une compréhension des phénomènes produits. Dans l'optique épistémologique du « voir, c'est faire », les notions de compréhension et de contrôle s'avèrent problématiques puisque la manipulation devient un élément heuristique de premier ordre dont dépendent la compréhension et le contrôle scientifique. C'est la position défendue par le chercheur en génie physique Marc R. : « Je pense que c'est essentiel. On doit absolument avoir une capacité de manipulation. Il ne s'agit pas de contrôle total [...]. Contrôler, ça signifie être capable de prévoir la totalité de ce qui peut se passer. Ça, c'est impossible. À cette échelle-là, c'est impossible parce qu'on ne connaît pas encore tout, et on commence à avoir les outils pour voir qu'est-ce qui se passe. On est comme il y a cent ans, quand le premier microscope a été élaboré [...]. Oui, le contrôle est essentiel. Par contre, est-ce qu'on est capable aujourd'hui d'exercer ce contrôle ? Non, je ne pense pas, et c'est vers ça qu'il faut aller. » La primauté épistémologique accordée à la manipulation atteste du développement d'un modèle technoscientifique où le *faire* a préséance sur le *connaître*. De fait, il n'est pas surprenant de constater que les frontières entre sciences et technologies sont, à l'échelle du nanomètre, fluides et changeantes.

Nanosciences/nanotechnologies : l'ingénierie comme modèle

Si la distinction entre nanosciences et nanotechnologies subsiste dans la plupart des manuels et des ouvrages de vulgarisation, elle se montre beaucoup moins claire et rigide dans le discours des chercheurs[8]. Pour la plupart d'entre eux, la science et la technologie sont intrinsèquement liées, voire pratiquement indissociables. Les propos du chimiste Michael S. sont sur ce point exemplaires : « Quand on travaille depuis très longtemps dans ce domaine de recherche, on oublie parfois que c'est un label particulier, *nanotechnologies, nanosciences*. En fait, il s'agit de notre projet, de nos matériaux [...]. On a des problèmes à résoudre. [...] Il y a beaucoup de gens qui travaillent en fonction de la demande technologique, et il y en a beaucoup d'autres qui travaillent plutôt au niveau fondamental, et éventuellement ça pourra peut-être servir plus tard. » Pour certains chercheurs, comme le chimiste Olivier S., le maintien d'une distinction entre recherche fondamentale et applications demeure important, même si cette distinction tend à s'inscrire dans un processus de continuité au sein duquel les découvertes scientifiques mènent naturellement aux innovations technologiques : « Je ne crois pas qu'en visant un impact sur une technologie on peut pousser plus loin notre compréhension de la nature, de la matière. Il faut être un peu indépendant d'un but, d'un objectif visé parce qu'on ne sait pas quel est cet objectif. La matière réserve toujours des surprises. On fait des expériences, on s'imagine voir quelque chose et l'on voit autre chose. Ce que je fais, ce que beaucoup de chercheurs font, c'est d'observer ce que la nature fait dans telle condition, puis d'extraire, de distiller les propriétés pour vraiment les mettre à profit après. Donc, l'esprit, c'est la science avant tout, quant à moi. Les percées en nanotechnologies vont venir des percées scientifiques. »

Présente à d'autres époques de l'histoire des sciences modernes, la logique de continuité entre sciences fondamentales et applications technologiques prend une tangente singulière lorsqu'il est question de nanosciences et de nanotechnologies, dans la meure où le passage de l'une à l'autre s'accélère sans cesse, comme le souligne le chercheur Éric L. : « Je pense que ce qui a probablement le plus changé, c'est la capacité des gens qui sont du côté technologique d'utiliser les découvertes plus rapidement [...]. Avant, lorsqu'une découverte était faite, ça prenait quinze, vingt ans avant qu'on puisse entrevoir la moindre application. Maintenant, ça peut aller beaucoup, beaucoup plus vite. Ça, je pense que c'est nouveau, et ça s'accélère depuis des années. »

L'une des raisons permettant de comprendre le processus d'accélération des applications dans le domaine des nanotechnologies réside dans la prédominance très nette du modèle de l'ingénierie. Pour comprendre ce phénomène, il convient de rappeler que le développement des recherches portant le label *nano* s'est effectué sous le signe d'une convergence technoscientifique qui se situe dans le prolongement historique du complexe techno-industriel mis en place par le gouvernement américain après la Seconde Guerre mondiale[9]. Dès ses origines, la conquête de l'infiniment petit a été marquée par la figure de l'ingénieur Eric Drexler. Cette prégnance du modèle de l'ingénierie transparaît dans l'organisation des équipes de recherche. Au Québec, par exemple, bon nombre de chercheurs en NST possèdent une formation en génie, et ce n'est sans doute pas un hasard si l'un des pôles centraux de la recherche est situé à l'École Polytechnique. En fait, il s'avère difficile de départager les chercheurs eux-mêmes puisque la majorité travaille sur des projets relatifs au génie et à la science appliquée. Malgré l'intégration indifférenciée de scientifiques et d'ingénieurs au sein des équipes de recherche, certains tiennent à maintenir une distinction entre ces deux types d'approche. Ainsi, l'ingénieur chimiste Yan B. explique ce qui, selon lui, distingue le scientifique de l'ingénieur : « Si l'on parle d'un chimiste des polymères, eh bien, lui, il va connaître la chimie des polymères de A à Z. [...] Il peut avoir de très bonnes idées, mais il ne contrôlera peut-être pas toutes les facettes. Le traitement de surface, les aspects de validation vis-à-vis des organismes de régulation, peut-être qu'il ne verra pas tous ces critères-là. Nous, on va intégrer tout ça. Et toujours dans une application [...]. Un chimiste peut travailler des années, gagner un prix Nobel pour quelque chose qui n'est pas applicable parce qu'il a oublié telle contrainte ou telle autre application. Nous, on a toujours à composer avec le filtre, avec la grille d'analyse qui nous force à dire : "Non, cette solution scientifique, on doit l'écarter ; celle-là, on la garde parce qu'elle pourra être appliquée éventuellement." Donc, il y a toujours une analyse de la science qui est faite dans une perspective d'application, toujours, toujours, toujours. Et c'est ça qui nous distingue. » Même s'ils sont intégrés dans des équipes de recherche orientées vers le génie et la science appliquée, certains chercheurs se perçoivent comme des scientifiques « purs ». C'est le cas de Sandra V., chercheuse en génie biomédical : « Je dirais que, comme scientifique, je ne cherche pas à contrôler, mais à comprendre. Et c'est plutôt une attitude d'ingénieur, je pense, que de vouloir contrôler les choses à l'échelle *nano*. Ça sera peut-être possible dans dix ou quinze ans, mais je ne pense même pas [rires]. On essaie de comprendre les phénomènes, et s'il y a un ingénieur quelque part qui peut s'en servir pour créer de nouvelles choses, très bien, tant mieux, mais moi, comme scientifique, je ne m'y intéresse vraiment pas. »

La prédominance du modèle de l'ingénierie dans l'organisation de la recherche suscite de la réticence chez certains chercheurs, notamment en ce qui concerne les notions de contrôle et de manipulation de la matière à l'échelle nanométrique. Comme l'exprime le physicien Jacques H., l'application précède parfois la compréhension : « C'est une approche différente. L'ingénieur, il veut faire un dispositif qui marche, mais il n'est pas forcément intéressé à comprendre très bien comment ou pourquoi il marche. Alors que le physicien, lui, s'empresse de comprendre quelque chose de physique. C'est une approche différente. » Sur un ton plus critique, le chercheur en génie chimique Nicolas L. nous met en garde contre cette course à l'application caractéristique des ingénieurs : « Avant d'avoir un vrai contrôle, il est souhaitable d'avoir une meilleure compréhension de la matière au niveau nanométrique. On peut toujours utiliser le point de vue des ingénieurs et essayer de contrôler sans bien comprendre, mais on risque d'avoir des surprises évidemment, parce qu'on ne connaît pas le comportement exact. Il est mieux, effectivement, de faire des études plutôt fondamentales. Par exemple, il y a une série d'études qui montrent que certains nanomatériaux ont une toxicité élevée; donc avant de les utiliser, il faut bien en comprendre la toxicité [...]. Il faut bien comprendre quelles sont les propriétés, s'il y a des risques, s'il y a vraiment un potentiel [...].» Au-delà de la question de l'instrumentation, la difficulté à établir une distinction nette entre nanoscience et nanotechnologie atteste de la prégnance du modèle de l'ingénierie dans l'organisation de la recherche. Comme on va le voir, cette tendance s'accompagne d'une conception fortement utilitariste de la recherche.

Un utilitarisme économique

L'un des principaux enjeux du modèle technoscientifique qui s'affirme à travers le développement des nanotechnologies réside dans l'emprise croissante des priorités politiques et socioéconomiques au chapitre de l'élaboration des programmes de financement de la recherche. L'historienne des sciences Bernadette Bensaude-Vincent résume parfaitement ce phénomène lorsqu'elle explique que «la technoscience ne signifie pas la fin de la recherche fondamentale. Elle remet en question la revendication d'autonomie de la science par rapport aux enjeux économiques[10]». Sans être exclusive au domaine des nanosciences et des nanotechnologies, cette tendance s'accentue toutefois considérablement à travers la logique de convergence technoscientifique présidant à la conquête de l'infiniment petit. Sur ce point, on a d'ailleurs vu au premier chapitre que le terme *nanotechnologies* constitue une catégorie stratégique de la recherche de financement. Il n'est pas très surprenant, en ce sens, de constater qu'un bon nombre de chercheurs tiennent un discours ouvertement utilitariste, fondé sur une conception économique de la recherche scientifique. À mille lieues de l'idéal désintéressé d'une quête de connaissance auquel on associe parfois encore la recherche scientifique, l'utilité sociale et la rentabilité financière des investissements en recherche représentent, pour plusieurs chercheurs, la base même de leur éthique professionnelle. Là encore, la figure de l'ingénieur prédomine, comme en témoignent les propos du chercheur en génie chimique André L. : « Je pense que l'ensemble des profs de l'École Polytechnique sont assez d'accord là-dessus : il faut avoir un juste équilibre entre l'aspect scientifique, qui passe par une meilleure compréhension des phénomènes, et l'application. Donc, si je fais une étude scientifique qui est extrêmement poussée, mais qui ne débouche sur aucune application envisageable à court ou à moyen terme, eh bien, je manque un peu le bateau. Je dois penser à l'application, mais il faut que je regarde en même temps les aspects fondamentaux qui me permettent de comprendre vraiment bien ce qui se passe. »

Érigée au rang de valeur fondamentale, l'utilité sociale de la recherche représente pour certains chercheurs la source première de leur motivation et de leur valorisation. Pour Sylvain C., chercheur dans le domaine du génie biomédical, la réalisation d'un produit commercial constitue un véritable accomplissement professionnel : « J'ai eu la chance de participer à la recherche et au développement d'un produit jusqu'à sa mise en marché. C'est sûr que moi, personnellement, ça m'apporte une grande satisfaction de savoir que les travaux de recherche que nous avons menés ici sont maintenant utiles au public en général. Donc, il y a des patients, il y a des malades qui bénéficient de ce que l'on a développé. En plus, il y a des gens qui travaillent, des anciens étudiants diplômés qui ont des emplois très bien rémunérés, souvent mieux que les professeurs, dans l'industrie. Enfin, cette industrie-là est locale, ça fait vivre l'économie locale […]. » L'utilitarisme économique prend parfois la forme d'un impératif qui tend à discréditer la recherche fondamentale, c'est-à-dire la recherche qui n'est pas directement orientée vers des applications commerciales. On perçoit bien cette tangente dans les propos de l'ingénieur Éric L. : « Je pense que c'est un devoir des chercheurs, même ceux qui font des choses fondamentales, de se questionner à savoir si ce qu'ils viennent de découvrir peut être valorisé. Je pense qu'il ne faut pas jouer à l'autruche et dire : "Je ne fais que des choses inutiles pour les besoins de la société." Il faut se poser des questions. Je découvre des choses, j'essaie toujours d'étudier des matériaux, des problématiques où il peut y avoir une pertinence. Il ne faut pas laisser de côté des choses qui n'ont peut-être pas de pertinence à court terme, mais, une fois qu'on a découvert quelque chose et qu'on réalise qu'effectivement ça peut avoir une application, il faut le dire et il faut faire en sorte que ça puisse être valorisé. Il faut contribuer à la prospérité du Québec ou du Canada […]. Je pense que c'est quelque chose que l'on doit faire. »

Au-delà des questions d'ordre épistémologique, l'aspect utilitaire et commercial de la recherche prend une telle importance dans le domaine *nano* que certains chercheurs en font un critère de distinction entre nanoscience et nanotechnologie. D'origine européenne, la chercheuse Fanny R. soutient en ce sens que l'utilisation plus fréquente du terme *nanoscience* en Europe correspond à une conception différente du rapport entre science et industrie : « Je dirais que la nanoscience conduit toujours à la nanotechnologie, mais peut-être à des rythmes très, très différents. Je m'explique : en Europe, en France particulièrement, pour déposer un brevet, ce n'est pas très facile, il faut vraiment le vouloir. Pour faire du transfert technologique, ça prend énormément de temps comparativement à ici. C'est-à-dire qu'ici il y a des portes ouvertes ; en Europe, pour avoir des subventions en tant que jeune chercheur, c'est parfois très délicat parce que le système académique est complètement différent [...]. Ici, le transfert technologique se fait très rapidement parce qu'il est assez facile, justement, de travailler dans un domaine multidisciplinaire ou interdisciplinaire avec d'autres ingénieurs, des biologistes, des biochimistes ou des chirurgiens [...]. »

L'effacement des frontières entre recherche fondamentale et application technique, la prédominance de l'ingénierie, l'utilitarisme économique et l'accélération de la course au brevet caractérisent la logique technoscientifique qui s'affirme dans les nanotechnologies. Formés dans une perspective d'ingénierie et de recherche appliquées, plusieurs chercheurs adoptent, comme on l'a vu, une éthique utilitariste selon laquelle la commercialisation et la quête de profit sont inhérentes au travail de recherche. Bien que dominante, cette conception de la recherche n'est pas partagée par l'ensemble des chercheurs. Certains dénoncent les impératifs technologiques et la pression qu'ils subissent pour trouver des débouchés commerciaux à leurs travaux.

Des chercheurs sous pression

Axés sur la valorisation des partenariats entre universités et industrie, les programmes de subventions en nanotechnologies mis en place par les fonds de recherche québécois et canadiens ont contribué à la transformation de l'organisation de la recherche. Sans se montrer nostalgiques, certains chercheurs ont, au cours des entretiens, souligné les effets néfastes de ces transformations, notamment en matière de financement de la recherche fondamentale. Le chercheur en génie physique Marc R. a ainsi évoqué les différences d'approche entre l'Europe et l'Amérique du Nord : « Au nord d'Amérique, je crois que c'est difficile. Au nord d'Amérique, c'est difficile de subventionner la recherche fondamentale. Il faut être appliqué. Il faut qu'il y ait une application pratico-pratique, industrielle [...]. Je suis très déçu des organismes subventionnaires québécois, les fonds FQRNT, là, je suis très déçu. » La survalorisation des applications technologiques au détriment des recherches de nature plus fondamentale et la difficulté de financer ces dernières sont perçues de manière plus aiguë par les chercheurs possédant un profil plus strictement scientifique. Le physicien Jacques H. exprime clairement sa frustration par rapport à ce phénomène : « Il y a une distinction possible [entre science et technologie], mais pour trouver de l'argent maintenant, il faut vraiment pousser vers les applications. Ça devient de plus en plus difficile de proposer des projets de nature fondamentale dans ce domaine parce que tout le monde pousse dans le même sens. Il faut des promesses pour des applications [...]. Pour obtenir des subventions de NanoQuébec ou du fédéral, il faut toujours pousser vers les applications, et c'est cela que je trouve lamentable. »

L'accélération vers l'application des recherches en nanosciences et la pression en faveur de la commercialisation constituent, pour certains chercheurs, une menace à la crédibilité scientifique et à la sécurité du public. Prenant l'exemple du système américain, où elle a précédemment travaillé, la chercheuse en génie biomédical Sandra V. soutient que la pression est tellement forte pour les chercheurs que certains vont même jusqu'à falsifier des résultats pour obtenir du financement : « Je trouve qu'il y a vingt ans ou quinze ans c'était beaucoup plus facile d'être subventionné pour répondre à des questions fondamentales. Les départements de physique partout souffrent de ce changement, de cette redéfinition de ce qui est la science et des exigences de résultats immédiats. En un sens, c'est une bonne chose parce que ça nous force à nous redéfinir, à être plus interdisciplinaire, à travailler au sein de grands groupes avec des gens qui font des affaires différentes. Mais en même temps, il ne faut pas mentir. Il ne faut pas avoir des résultats qui ne sont pas de bons résultats, mais qui sont simplement quelque chose de préliminaire qu'on exagère afin d'avoir des subventions. J'ai vu aux États-Unis qu'il y avait beaucoup de subventions militaires et du département de l'Énergie. Il y a dix ans, c'était des subventions assez ouvertes, on pouvait faire à peu près n'importe quoi, et la seule chose qu'il fallait livrer à la fin, c'était un rapport final. Actuellement, tout a changé : c'est trois ans, et à la fin il faut avoir un produit. Et avec cela, il y a toujours des inspections, il y a des gens qui arrivent toutes les deux semaines, toutes les quatre semaines pour voir ce qui se passe dans le labo. Pour voir s'il y a des résultats, s'il y a un produit sur la table. Comme scientifiques, ça nous agace [rires], et aussi je trouve que cela amène les gens à mentir, ou à falsifier les données […], à cacher les résultats qui ne sont pas tout à fait clairs. Mais parfois, c'est dans les choses qu'on ne comprend pas qu'il y a la vraie science. Si on cache ce qui arrive vraiment afin de promettre quelque chose au public, on peut perdre la science, la vraie science ou la vraie compréhension. Et aussi, vous savez qu'il y a des gens qui ont vraiment menti, qui ont falsifié plusieurs articles, c'est arrivé trois ou quatre fois dans les cinq dernières années […]. »

La pression ressentie par certains chercheurs en nanotechnologies est indissociable des énormes retombées économiques que les gouvernements et les promoteurs attendent de ces recherches. Au-delà de la prédominance épistémologique de l'opérationnalité technique, ce sont les aspects stratégiques et économiques de leur développement qui en font un modèle parfait de technoscience.

CHAPITRE 5

Les enjeux stratégiques de la nanoéconomie

Je crois à la recherche fondamentale comme à la recherche industrielle, mais je ne crois pas au mélange.

Olivier S., chimiste

L'engouement et la fascination que suscitent les nanotechnologies à l'échelle mondiale sont étroitement liés à l'énorme potentiel économique qu'on leur prête. La conquête de l'infiniment petit se présente, dans les discours publics, comme une nouvelle révolution industrielle[1]. Au tournant des années 2000, le gouvernement américain a été le premier à ouvrir la voie vers ce nouvel eldorado économique, alors que l'administration Clinton a fait du développement des nanotechnologies une « haute priorité nationale ». Ainsi, l'un des premiers communiqués de presse envoyés par la Maison-Blanche pour annoncer la mise sur pied de la National Nanotechnology Initiative (NNI), en 2000, s'intitulait justement *Leading to the Next Industrial Revolution*[2]. La promesse d'une nouvelle révolution industrielle portée par les nanotechnologies a eu un impact considérable dans l'ensemble des pays industrialisés, avec la mise en place de plans stratégiques et d'imposantes infrastructures de recherche, comme celle de Minatec en France[3]. Faisant écho au discours du président Clinton, le Conseil de la science et de la technologie du Québec a d'ailleurs annoncé dans son rapport de 2001 : « Il y a donc lieu de prévoir que les nanotechnologies constitueront une troisième révolution technologique, la première ayant donné naissance à la Révolution industrielle, et la seconde à la microélectronique[4]. » Loin d'être resté lettre morte, ce rapport a tenu un rôle central dans l'orientation des politiques de recherche et de développement de ce secteur en recommandant la création de NanoQuébec, dont la mission est de « renforcer l'innovation en nanotechnologie en vue d'accroître le développement économique durable du Québec et du Canada[5] ». La place centrale octroyée par le gouvernement américain aux aspects économiques et commerciaux des nanotechnologies a donc eu des répercussions directes sur les politiques d'orientation de la recherche. Si cette tendance était déjà très présente avec les bulles spéculatives occasionnées par l'essor d'Internet et des biotechnologies, elle a toutefois acquis une dimension symbolique et stratégique plus globale avec les nanotechnologies.

Accompagnant la mise sur pied de la NNI, l'annonce d'une nouvelle révolution industrielle a contribué à faire des nanotechnologies le symbole même de la nouvelle compétitivité économique marquant l'entrée dans le XXIe siècle. Ainsi, selon le philosophe des sciences Joachim Schummer, les nanotechnologies occupent, sur le plan symbolique, la place que tenait le programme spatial durant la guerre froide[6]. S'appuyant sur un énorme complexe militaro-industriel, la politique scientifique des États-Unis s'inscrivait alors dans une logique de puissance miliaire et stratégique dictée par la dualité Est-Ouest. Même si l'industrie militaire demeure un acteur important dans le développement des programmes de recherche en nanotechnologies, une transformation majeure s'est opérée sur le plan des relations internationales, qui ne se réclament plus d'une logique de défense face au bloc de l'Est, mais qui évoluent plutôt dans un contexte de compétitivité économique global[7]. Suivant cette perspective, l'économiste Françoise

Roure soutient, dans un rapport publié en 2004 par l'École des Mines, que « la maîtrise des nanotechnologies dans les vingt prochaines années constitue l'une des clés de la spécialisation internationale et de la compétitivité des grandes régions du monde pour le prochain demi-siècle[8] ». La même année, les responsables de NanoQuébec font directement allusion à cette compétitivité en matière d'innovation technoscientifique en affirmant, dans un texte intitulé *Le Portrait des nanotechnologies au Québec*, qu' « une course internationale s'est engagée afin de rechercher, développer et commercialiser de nouveaux produits et procédés intégrant des composantes nanotechnologiques[9] ». Sur le plan tant symbolique que stratégique, les nanotechnologies incarnent en fait l'internationalisation de la compétitivité scientifique. Alimentée par l'espoir d'une nouvelle révolution industrielle, une véritable course à l'innovation s'est engagée, à laquelle les autorités politiques ont répondu par l'élaboration de plans stratégiques de recherche.

Stratégies gouvernementales : NanoQuébec

Créé précisément afin d'assurer la compétitivité internationale du Québec et du Canada dans le domaine des nanotechnologies, NanoQuébec est un organisme sans but lucratif financé principalement par le ministère du Développement économique, de l'Innovation et de l'Exportation et par Développement économique Canada. Visant à faire le pont entre le milieu universitaire et l'industrie, NanoQuébec a notamment pour but d'accélérer la commercialisation des recherches en nanotechnologies. Loin d'être unanime, la position des chercheurs à l'égard de cet organisme destiné à promouvoir leurs recherches diffère considérablement d'une personne à l'autre. Certains chercheurs ont une attitude assez distante, mais ouverte vis-à-vis du rôle de NanoQuébec, comme en témoigne le commentaire de l'ingénieure en physique Sylvie M. : « Il y a des organismes comme NanoQuébec qui existent... Est-ce que ces organismes-là sont capables, par exemple, de donner des directives ? Est-ce qu'ils peuvent mettre les chercheurs en contact avec une industrie qui œuvre dans le même domaine ? Pourquoi pas ? » D'autres, telle Sandra V., se montrent plus enthousiastes quant aux occasions offertes par cet organisme de liaison : « Je pense que c'est une excellente chose, ça nous aide à créer des réseaux. Et je trouve que les réseaux sont critiques pour nous, pour pouvoir communiquer, pour trouver des liens avec l'industrie ou avec d'autres groupes de recherche. »

Entièrement financé par des fonds publics, NanoQuébec dispose d'un budget qui lui permet d'offrir des subventions de recherche en fonction des besoins définis par l'industrie. Cela a pour effet d'orienter les recherches par l'intermédiaire du financement, comme le souligne Claire D., chercheuse en génie chimique : « [Par] exemple, lorsque NanoQuébec a commencé, ils ont lancé des offres de fonds, mais il fallait vraiment répondre à ce qu'ils voulaient. [...] Il est facile au départ de rédiger une ou deux pages qui répondent à ce qu'ils veulent, mais lorsqu'on obtient les fonds, on n'a plus le choix, il faut réaliser le projet. » Il est vrai que l'orientation de la recherche publique en fonction des besoins industriels soulève plusieurs questions d'ordre politique et économique. En tant qu'organisme public voué à la valorisation et à la commercialisation de la recherche, NanoQuébec constitue en fait un nouveau modèle de gouvernance de l'innovation technoscientifique qui va plus loin que les stratégies gouvernementales mises en place dans le cadre des nouvelles technologies de l'information et des biotechnologies. L'ingénieur physicien Éric L. souligne en ce sens la spécificité de la politique québécoise en matière de nanotechnologies : « Il y a une sous-stratégie qui se développe en *nano*. Il y en a une en *nano*, pas en biotech, ni en télécom, il n'y en a dans aucun autre domaine. Donc, avec le *hype nano*, les gens reconnaissent qu'il y a quand même des choses qui sont communes puisque ça vaut la peine d'en parler. » La bulle spéculative et le financement public de la recherche concentrée uniquement sur le label *nano* ne font toutefois pas l'unanimité. Ainsi, l'ingénieur chimiste Nicolas L. remet en cause la légitimité même de NanoQuébec : « L'entité NanoQuébec n'a pas sa raison d'être. Je m'excuse si je peux laisser paraître une opinion, mais c'est quelque chose qui me touche beaucoup de voir comment les gens ont transformé finalement une belle science en événement médiatique [...]. Et puis, il y a beaucoup de sous impliqués, beaucoup de gens impliqués. [...] De savoir que les Américains le font, ça ne me dérange pas, c'est leur société, leurs fonds. Mais quand c'est notre petite société québécoise qui investit des sous là-dedans, ça vient me toucher parce que je trouve que ce sont des sous mal investis. » Contrastant avec les propos des autres chercheurs, tantôt indifférents, tantôt ouverts, la critique radicale de NanoQuébec formulée par Nicolas L. a le mérite de mettre en relief les transformations des rapports entre le privé et le public en matière de financement de la recherche et de promotion de l'innovation scientifique.

Du tout-public au tout-privé

Comme on vient de le voir, l'importance symbolique que revêtent les nanotechnologies à l'échelle internationale a favorisé la mise sur pied de plans stratégiques nationaux afin de s'assurer une place au soleil de la nanoéconomie mondialisée. Portée par des chercheurs visionnaires et des décideurs publics, la promesse d'une nouvelle révolution industrielle a donné lieu à des investissements massifs en recherche. Ouvertement orientées vers une valorisation industrielle et une commercialisation accélérée, les politiques scientifiques en matière de nanotechnologies visent à instaurer un nouveau rapport entre le monde universitaire et l'industrie, comme c'est le cas avec NanoQuébec. Cependant, le secteur mondialisé des technologies de pointe est un marché hautement compétitif et risqué qui demande des investissements considérables. Il faut dire que l'éclatement des bulles spéculatives qui ont accompagné, au tournant des années 2000, l'essor d'Internet et des biotechnologies a rendu les investisseurs privés plus frileux. Recherchant des rendements à court terme, le secteur privé hésite à investir du capital de risque. Autrement dit, les nanotechnologies font l'objet d'un fort soutien gouvernemental, dont les objectifs de positionnement stratégique à long terme ne coïncident pas avec les priorités de retour rapide sur investissement du secteur privé[10]. Ainsi, non seulement les gouvernements jouent le rôle de déclencheurs grâce aux plans stratégiques, mais ils servent aussi de soutien financier aux entreprises qui bénéficieront éventuellement de ce capital de risque étatique. En clair, les fonds publics investis en nanotechnologies profitent directement au secteur privé.

Au Québec, l'absence de capital de risque est encore plus marquée, comme le rappelle l'ingénieur chimiste Yan B. : « En ingénierie, notre élément premier, c'est d'alimenter l'industrie. Donc, oui, on est là pour l'industrie, mais encore faut-il que l'industrie investisse de l'argent dans la recherche. Ce qui n'est pas évident. Même avec des industries qui débordent de profits, malgré les déductions d'impôt des crédits à la R-D [recherche et développement], ce n'est pas la manne de dollars qui nous tombe dessus. Parce que les crédits au Québec c'est 88 %, en R-D. » Plusieurs chercheurs, comme Steven B., disent observer un changement dans l'organisation de la recherche industrielle, qui finance de moins en moins la recherche fondamentale au sein des entreprises : « La recherche est devenue beaucoup plus appliquée qu'avant, et finalement on voit de moins en moins d'entreprises faire de la recherche. Moi, quand j'étais chez IBM, il y avait beaucoup plus d'entreprises qui avaient des labos de recherche, qui faisaient de la recherche quand même assez fondamentale. Si on regarde maintenant, cela a diminué de façon très importante. Avant, il y avait les Bell Labs, qui étaient quasiment les labos les plus connus aux États-Unis et qui maintenant ont presque disparu […]. Il y a eu une période où finalement beaucoup de découvertes fondamentales se sont effectuées dans des labos industriels, c'est de moins en moins le cas […]. Il faudrait faire une analyse. Mon impression, c'est que ce n'est plus rentable de le faire, surtout avec la vision économique actuelle, qui est quand même focalisée sur le prochain quart de siècle. Comment justifier une recherche qui peut ne rapporter que dans dix ou vingt ans ? »

Alors que les entreprises tendent à amoindrir leurs

dépenses en matière de R-D, les plans stratégiques mis en place par les pouvoirs publics afin d'encourager le développement de la recherche en nanotechnologies contribuent à l'instauration d'un nouveau rapport entre l'université et l'industrie, comme l'explique l'ingénieure chimiste Claire D. : « Le changement que je vois, c'est que les industries font de moins en moins de recherche, donc elles essaient de la faire exécuter par l'université à moindre coût. Et c'est là qu'il faut se méfier un petit peu parce qu'il ne faut pas que l'université fasse uniquement la recherche un peu bébête que l'industrie ne veut pas faire [...]. » Même si les liens entre l'industrie et l'université existent depuis longtemps, les coûts faramineux des infrastructures de recherche en nanotechnologies et la volonté politique de rentabiliser la recherche obligent les chercheurs universitaires à établir des montages financiers tenant compte des besoins de l'industrie, comme l'explique le chercheur Éric L. : « Avec le genre de recherche que je fais, juste pour être capable de faire en sorte que l'équipement fonctionne, il faut que j'aie assez d'argent pour partir une équipe d'une dizaine de personnes. On ne peut pas bâtir cela en ayant uniquement des projets de recherche non orientés. Donc, nécessairement, pour ce qui est du financement de l'équipe, on a des choses très fondamentales avec des subventions de base du CRNSG, avec quelques élèves brillants qui ont une bourse [...]. Pour réussir le reste, il faut obtenir des subventions avec des industries. »

Encouragés par les organismes subventionnaires, notamment par NanoQuébec, les montages financiers et le partage d'infrastructures entre l'université et l'industrie suscitent, chez certains chercheurs, des questionnements éthiques dans la mesure où des fonds publics sont utilisés à des fins de commercialisation. Le chimiste Raymond L. formule ainsi son questionnement : « Qui subventionne l'université ? C'est tout le monde, c'est vous, c'est moi. C'est le public. Le problème, c'est que l'université, à cause des conditions financières, doit maintenant trouver une façon de générer des profits, d'aller chercher de l'argent. À mon avis, c'est peut-être un peu la source du problème. » L'espoir d'une révolution industrielle à l'échelle du nanomètre participe en fait à une redéfinition du rôle de l'université et de son lien avec l'industrie. Même si elle s'observe dans la plupart des pays industrialisés, cette redéfinition préoccupe plusieurs chercheurs québécois, qui y voient une menace à la liberté académique. Il faut dire que l'obligation pour les chercheurs de justifier économiquement leurs travaux les amène à accomplir des tâches administratives qui prennent de plus en plus de place dans l'agenda des professeurs-chercheurs, au détriment des activités de formation et de recherche, comme le déplore Steven B. : « Donc, tout doit être justifié [...]. On devient des administrateurs en partie, pour gérer nos comptes ; en fait, on doit gérer nos budgets de façon très précise [...]. D'un côté, je comprends que c'est nécessaire, d'un autre côté, on est des chercheurs. Moi, je passe une partie considérable de mon temps à faire de l'administration. » En fait, l'orientation actuelle des modes d'organisation et de financement de la recherche publique remet en cause le rôle traditionnel du professeur d'université.

La mission de l'université en danger

Confrontés à de nouvelles politiques scientifiques fortement orientées vers la valorisation et la commercialisation de la recherche, plusieurs professeurs-chercheurs ont fait part, dans le cadre de ces entretiens, de leurs inquiétudes par rapport aux transformations tangibles de la mission de l'université. Sur ce point, la professeure-chercheuse Claire D. se montre plutôt pessimiste : « La liberté de recherche, malheureusement, n'est plus ce qu'elle était. » Même si, dans le contexte de restriction budgétaire qui touche l'ensemble des universités québécoises, cette phrase aurait pu être prononcée par un professeur-chercheur de n'importe quelle discipline, la volonté politique de faire des nanotechnologies un pôle de compétitivité économique entraîne des modifications dans l'organisation de la recherche universitaire qui touchent plus directement les chercheurs dans ce domaine[11]. Devant les impératifs de développer des nanodispositifs pouvant être commercialisés et intégrés rapidement à la production industrielle, certains chercheurs craignent que l'université s'éloigne de sa vocation traditionnelle, qui est d'être un lieu dédié à la recherche fondamentale et à la formation des chercheurs. Certains perçoivent en fait des contradictions dans les orientations actuelles de la recherche universitaire. C'est le cas notamment du chercheur en génie physique Marc R. : « L'université devrait être un lieu de haut savoir. Ça devrait être un lieu dans lequel on développe une pensée, dans lequel on affine la méthodologie. L'université aujourd'hui est appelée à devenir une petite entreprise. Je ne suis pas très content de ça, moi. Il y a des universités, même au Québec, qui permettent à tous les profs de devenir des *businessmen* [...]. Je ne suis pas contre, mais je ne suis pas convaincu que c'est la meilleure façon de former des étudiants [...]. » Dans un même ordre d'idées, le chimiste Raymond L. critique la tendance actuelle à mobiliser la recherche universitaire afin de créer des produits directement liés au marché : « Je pense que l'université devrait rester l'endroit où l'on fait de la recherche fondamentale. Puis, dès que l'on décide de partir une compagnie, je pense que la recherche devrait sortir de l'université pour éviter toutes sortes de conflits, de problèmes. Parce qu'à mon avis ce n'est pas la tâche de l'université de faire ça. Sa tâche est de faire avancer les connaissances. Ce n'est pas de produire un dispositif Y ou un nouveau composé X à grande échelle. [...] À mon avis, lorsque les gens font cela, ils devraient quitter leur poste universitaire et aller vers l'industrie. Parce que souvent, c'est là où je vois les problèmes, lorsque les gens essaient de jouer sur les deux tableaux. »

En fait, ce qui semble menacer le plus directement la mission de l'université, c'est la valorisation d'un nouveau type de chercheur universitaire, soit le chercheur-entrepreneur. Apparu avec le développement des nouvelles technologies de l'information et des biotechnologies, ce modèle vise à créer des petites entreprises *(start-ups)* au sein même des universités[12]. Les professeurs-chercheurs se montrent parfois réticents à l'égard du nouveau rôle qui leur est donné, comme c'est le cas du physicien Sébastien R. : « Je suis devenu prof parce que j'ai certains talents, mais ça ne veut pas dire que, si j'ai du talent pour faire de la recherche, enseigner et écrire, j'ai le talent de fonder une entreprise. » Très valorisé dans le domaine des nanotechnologies, le modèle du chercheur-entrepreneur entre en fait en contradiction avec le rôle traditionnellement assigné aux professeurs d'université, notamment en ce qui a trait à la formation des jeunes chercheurs, comme l'explique Marc R. : « Un prof qui est dans son bureau, enfermé, qui en plus fait travailler ses étudiants dans sa compagnie pour faire des produits qui vont lui rapporter de l'argent, à lui et à l'université, je trouve cela trop facile de dire que cette démarche va former l'étudiant. Je suis curieux de voir où est la formation; peut-être qu'elle existe dans certains cas. Je connais des profs pour lesquels le but est plus important que les moyens [...]. Là, on veut faire entrer les entreprises dans les universités. Je sais que le Canada est content parce qu'il faut créer de l'emploi, il faut créer de la richesse, mais alors peut-être qu'on a besoin des entreprises et pas des universités. » Lorsqu'il est question du rôle de l'université et de sa mission, plusieurs chercheurs se montrent préoccupés par la qualité de la formation par rapport aux pressions économiques exercées par les autorités universitaires. Les propos du chercheur Steven B. expriment parfaitement cette préoccupation : « Je pense que c'est important pour l'université d'offrir une éducation, d'éduquer les gens [...]. Finalement, d'apprendre aux gens à réfléchir et non seulement d'en faire des travailleurs adaptés aux besoins de l'industrie. [...] Il faut former des gens qui puissent penser clairement; et donc, s'il y a trop de pression de l'industrie, on commence à penser comme l'industrie. Alors, c'est important de garder une liberté académique [...]. Le courant actuel, c'est justement de collaborer beaucoup avec l'industrie et de produire des universitaires entrepreneurs [...]. »

Le mode actuel de financement des universités favorise, il est vrai, la réduction du temps de formation et le choix d'un objet de recherche déterminé par le directeur de thèse en fonction des besoins de l'industrie. À terme, cette tendance risque de contribuer à la diminution de la qualité de la formation — c'est du moins ce que soutient le professeur-chercheur Nicolas L., qui ne mâche pas ses mots : « Je pense qu'un diplôme doctoral, maintenant, ça ne vaut plus grand-chose. Les étudiants doivent vendre leur Ph.D. Pourquoi ? Parce qu'on accepte n'importe qui […]. On valorise et on favorise de moins en moins la carrière scientifique, ou du moins l'apprentissage scientifique. » Là encore, ce type de constat n'est pas propre aux chercheurs en nanotechnologies, mais ces derniers sont les premiers touchés par les politiques de réorientation de la recherche. Face à la course à la rentabilité de la recherche universitaire, l'ingénieur chimiste Marc R. se désole : « La tristesse que j'ai dans tout ça, c'est que le CRSNG est content de mes brevets. Mais le CRSNG devrait être plus content de savoir que j'ai huit étudiants qui ont été formés avec ce projet […]. Notre monde est en train de donner trop de pouvoir aux entreprises. »

Les brevets : secret industriel ou diffusion du savoir ?

Si le modèle du chercheur-entrepreneur mis de l'avant par NanoQuébec et les organismes subventionnaires soulève des questions quant à la formation scientifique des jeunes chercheurs, la course à la rentabilité et la place grandissante de la recherche industrielle au sein de l'université entrent en contradiction, de leur côté, avec le mode de diffusion et d'échange propre au système académique. Alors que la carrière d'un chercheur universitaire repose sur sa capacité à inscrire ses travaux dans des réseaux internationaux de diffusion et d'échanges scientifiques grâce à des publications et à des conférences, la recherche industrielle suppose le secret et le brevetage des découvertes. La chercheuse Sandra V. explique parfaitement cette contradiction : « [Le] problème, c'est que dans les industries en général on garde les secrets ; en science, on ne garde jamais de secret. C'est ça, la grosse différence, et si l'on pouvait résoudre le problème de la propriété intellectuelle et décider que tout doit être ouvert, qu'on peut communiquer ouvertement, ça serait une bonne chose parce que les industries peuvent faire des choses que nous, comme chercheurs, on ne peut pas faire […]. » Malgré l'incompatibilité de la recherche universitaire avec la course au brevet et le secret industriel, l'accès aux sources de financement public est, aux dires de cette même chercheuse, plus facile lorsque le projet de recherche soumis promet un brevetage et une commercialisation à brève échéance : « [C'est] assez facile de trouver des subventions pour obtenir des propriétés intellectuelles, pour faire des brevets et tout ça […]. Chaque fois que l'on a une idée qui pourrait avoir un succès commercial, il faut commencer tout de suite à penser à la commercialisation. »

Au-delà du tiraillement auquel sont confrontés les chercheurs entre la diffusion des connaissances scientifiques et le brevetage, la logique économique qui tend à s'imposer avec le développement des nanotechnologies soulève d'importantes considérations éthiques, notamment en ce qui a trait à l'honnêteté des chercheurs. Dans le contexte d'une forte concurrence commerciale, comme c'est le cas avec les nanotechnologies, la peur d'effrayer le public avec la menace de toxicité d'une nouvelle particule peut motiver des représentants d'entreprise à taire certaines études ou à dénigrer leurs résultats. La chercheuse Sandra V. confie son expérience : « Si on va à un congrès scientifique où l'industrie est aussi et que l'on présente nos résultats [...], les représentants de l'industrie vont dire : "Oh non, ce n'est pas vrai", juste parce qu'ils ne veulent pas que le monde sache. Et je trouve cela malhonnête, et ça nuit à la science. Ça m'est arrivé plus d'une fois [...]. Mais surtout une fois, il y avait une nouvelle compagnie qui vendait des particules, et j'ai présenté mes résultats sur la toxicité parce que ça faisait partie d'un projet que j'avais, et puis elle [la représentante] a dit : "Non, ces particules-là ne sont pas toxiques" [...]. C'était vraiment étrange parce qu'elle l'a dit comme si c'était de la propagande qu'elle faisait [...]. Mais après, dans la séance de questions, elle a dit : "Renonce, tu n'as pas le droit de dire des choses comme ça." J'ai trouvé cela extrêmement bizarre. On savait que c'était une représentante d'entreprise [...]. En général, la science doit être ouverte, on doit avoir le droit de dire n'importe quoi ; si on a tort, on va prouver qu'on a tort. Ça nous arrive d'avoir tort, c'est sûr, mais il ne faut pas nous empêcher de dire ce que l'on voit. »

Sans nier les éventuelles contradictions entre la logique du secret industriel et la diffusion du savoir académique, le chercheur en génie biomédical Sylvain C. a, pour sa part, une autre perception du phénomène : « Le brevet ne me donne pas le droit de faire quelque chose, le brevet me donne le droit d'empêcher les autres de le faire sans me rémunérer pendant un certain nombre d'années. Mais en échange, quand j'ai écrit mon brevet, j'ai révélé mes secrets au monde entier [...]. » Critiquant ouvertement le retard du Québec en matière de recherche et développement, le physicien

Carl T. nuance quant à lui l'impact des nouveaux rapports entre l'université et l'industrie : « C'est comme une grosse hypocrisie globale qui consiste à dire que l'on est utile. En fait, la seule utilité qu'on a, c'est de former des gens, à mon point de vue [...]. Mais on forme des gens de niveau universitaire qui sont extrêmement fondamentaux et qui ne sauront malheureusement pas faire des produits parce qu'ils ne savent pas les faire. » Si, comme l'attestent ces propos, certains chercheurs se montrent plus ouverts et moins critiques face à la mise en place des plans stratégiques en nanotechnologies, la plupart d'entre eux soulèvent la question des limites scientifiques de l'utilitarisme économique.

Les limites de l'utilitarisme économique

Face aux enjeux économiques liés au développement des nanotechnologies et à la mise sur pied de plans stratégiques par les décideurs politiques, la plupart des chercheurs rencontrés ont souligné la part toujours grandissante des aspects commerciaux et industriels dans l'organisation de la recherche scientifique. Cela représente, pour un bon nombre d'entre eux, non seulement une menace à la mission de l'université, mais aussi un danger pour la science elle-même, dans la mesure où la quête de profit tend à concentrer les recherches vers des applications concrètes au détriment de la créativité. Arnaud S., chercheur en pharmacie, explique ce phénomène : « Il est assez fréquent de voir des chercheurs universitaires qui sont tellement liés à l'industrie que leurs recherches, au niveau de la créativité, sont relativement faibles. C'est un type de recherche qui a une application immédiate, mais qui à long terme n'amènera pas de grands changements ou de grandes révolutions. Et toute la difficulté pour le chercheur universitaire, c'est d'être capable, lorsqu'il est intéressé par l'industrie, de vraiment mener de front un peu des deux [...]. L'industriel va s'attendre à ce que l'on ait quelque chose qui fonctionne assez bien rapidement, et donc tout de suite ; les impératifs industriels font que nous sommes limités dans ce que l'on peut chercher. [...] À court terme, ça peut aller, mais à long terme, ça peut avoir un impact négatif sur la créativité. Un industriel va rarement financer une recherche qui va avoir un impact dans cinquante ans. La tendance, c'est que la société — le gouvernement aussi, pour se faire réélire — désire que quelque chose ressorte de l'argent investi dans la recherche. »

Si l'utilitarisme économique peut s'avérer néfaste pour la créativité scientifique, les impératifs de rentabilité à court terme soulèvent d'importantes questions éthiques, notamment dans le secteur de l'industrie pharmaceutique. Ainsi, Sylvain C. témoigne des transformations qu'il a vu s'opérer dans l'orientation des recherches : « Une des raisons pour lesquelles les compagnies produisent moins de molécules antibiotiques, c'est la logique commerciale. Il y a moins de chances de faire un succès commercial avec un produit qu'on va vendre une fois à un patient. Maintenant, l'industrie s'oriente vers les maladies chroniques, et il ne faut surtout pas les guérir, il faut les contrôler à vie. C'est ça qui est payant, c'est ça, la logique des investisseurs et des industriels. J'étais dans l'industrie pharmaceutique aux États-Unis au moment où les conseils d'administration et les directions d'entreprise composés de scientifiques, dont la mentalité était de faire des découvertes pour aider les gens à améliorer leur santé, ont été remplacés par des conseils d'administration qui ont changé de philosophie [...]. Ce qui est important, ce n'est pas de soigner ou de guérir des malades ; ce qui est important, c'est d'obtenir du rendement pour les actionnaires. On investit dans les médicaments qui vont générer le plus d'argent. Donc, on investit dans les maladies chroniques, qu'il ne faut surtout pas guérir. » Au-delà du procès des compagnies pharmaceutiques, ce qu'il faut retenir de ces propos, c'est que plusieurs chercheurs en nanotechnologies sont conscients des limites de l'utilitarisme économique et se montrent préoccupés par l'orientation actuelle des politiques scientifiques en matière de financement.

Présentées comme une nouvelle révolution industrielle, les nanotechnologies sont au centre d'une compétition internationale qui favorise l'innovation industrielle et la commercialisation rapide de la recherche. Accompagnée par l'élaboration de plans stratégiques et par un imposant financement public, cette course programmée vers le nouvel eldorado technoscientifique ne doit toutefois pas faire perdre de vue le fait que les nanotechnologies sont aussi souvent comparées à une nouvelle conquête spatiale[13]. Lorsqu'on se souvient du contexte militaire de la guerre froide, qui a présidé au développement du programme spatial américain, il n'est pas surprenant de constater que bon nombre de recherches en nanotechnologies s'inscrivent dans le domaine militaire. Les chercheurs, comme on le verra au prochain chapitre, se montrent d'ailleurs sensibles aux enjeux militaires de leurs recherches.

CHAPITRE 6

La puissance des *nanos* au service des militaires

[Je] *n'ai pas de problème avec les militaires. Je suis antimilitariste sur le plan social, mais je ne fais pas d'hypocrisie [...]. C'est la même chose qu'être anticapitaliste et d'avoir un REER.*

CARL T., chercheur en physique des plasmas

Symbole de la course à l'innovation technoscientifique caractérisant la mondialisation économique, le développement des nanotechnologies demeure cependant étroitement lié au complexe militaro-industriel américain. Les budgets de la National Nanotechnology Initiative (NNI) sont d'ailleurs très éloquents sur ce point puisque le financement destiné au département de la Défense arrive au second rang des priorités nationales. Ainsi, en 2006, le Department of Defense (DoD) des États-Unis disposait de 291 millions de dollars pour son programme de recherche en nanotechnologies[1]. Comparable, en termes d'investissements publics, à la conquête spatiale durant la guerre froide, la conquête de l'infiniment petit occupe une place stratégique dans le nouvel ordre mondial marqué par la guerre au terrorisme. Bénéficiant d'une nouvelle légitimité après les attentats du 11 septembre 2001, la recherche dans le domaine militaire a largement contribué au développement des nanotechnologies. Face aux enjeux sécuritaires, l'augmentation en puissance des systèmes de communication et d'information couplée à la miniaturisation des dispositifs techniques demeure l'un des principaux points de mire de l'industrie militaire[2]. L'amélioration de l'endurance et des performances des soldats constitue l'autre préoccupation centrale de la recherche militaire dans le domaine des nanotechnologies. Ainsi, le Massachusetts Institute of Technology (MIT) s'est vu octroyer, en 2002, 50 millions de dollars pour la création d'un institut dont les recherches visent explicitement à perfectionner l'équipement des combattants par le biais des nanotechnologies. L'Institute for Soldier Nanotechnologies s'inscrit en fait dans la continuité des recherches cybernétiques sur les pilotes et les soldats mises en place après la Seconde Guerre mondiale[3]. En ce sens, il est important de rappeler que le terme même de *cyborg* a été forgé par deux chercheurs de la NASA qui s'intéressaient à la modification et à l'adaptation physiologique des cosmonautes en vue des missions spatiales[4]. Vues sous cet angle, les nanotechnologies se situent dans la poursuite des objectifs portés par le complexe militaro-industriel depuis plus d'un demi-siècle.

Même si les gouvernements européens ont plutôt tendance à taire les implications militaires des recherches en nanotechnologies pour mettre de l'avant les aspects économiques et les éventuelles retombées médicales, en réalité l'industrie militaire européenne tire directement profit des recherches dans ce domaine[5]. Le sociologue Dominique Vinck utilise l'expression *technologies duales* pour expliquer ce phénomène d'appropriation de technologies civiles à des fins militaires[6]. Très au fait de cette logique de réappropriation, qui n'est d'ailleurs pas exclusive aux nanotechnologies, les chercheurs se montrent assez nuancés. Plusieurs insistent sur leur propre impuissance par rapport à l'utilisation sociale de leur recherche, comme c'est le cas de l'ingénieur chimiste Yan B. : « La question du militaire, c'est assez particulier. Parce que s'il y a des travaux que je fais qui sont récupérés pour des applications militaires, je n'ai aucun contrôle là-dessus. Ça, c'est clair parce que c'est du domaine public, puis tout le monde peut les utiliser. » Ce sentiment d'impuissance et de perte de contrôle s'exprime très clairement dans les propos du physicien Sébastien R. : « Faire directement de la recherche pour des applications militaires, ça, je ne le ferais pas, pour des raisons disons philosophiques [...]. Mais les résultats de mes recherches, je n'ai pas de contrôle sur ce que la société fait avec ça. Alors, s'il y a des applications militaires, je peux faire quelque chose comme citoyen, mais comme chercheur je n'ai pas tellement de contrôle. » Selon ce même chercheur, le caractère polyvalent des nanotechnologies nuit à l'évaluation de leurs retombées à long terme : « Très concrètement, les recherches que l'on fait sur les capteurs biochimiques, ça peut avoir directement des applications militaires ou défensives [...], ce n'est pas une question à laquelle on peut vraiment répondre par oui ou par non. »

Recherche militaire, recherche civile :
un même continuum

Loin d'être conçues de manière antinomique, la recherche militaire et la recherche civile semblent, pour certains chercheurs, se situer dans un continuum menant naturellement de l'une à l'autre. Ainsi, le chercheur en génie biomédical Sylvain C. justifie ses travaux dans le domaine militaire en invoquant leurs retombées directes dans la société civile : « Oui, on travaille avec les fonds de la défense actuellement, on a plusieurs fonds, on se finance avec plusieurs sources, on est une grosse équipe [...]. Nous, la nature des recherches que l'on fait, ce n'est pas pour développer des armes, c'est pour développer des façons de protéger les individus contre les effets des armes. Alors, je me sens très à l'aise parce que, dans le fond, c'est un continuum : que je protège des soldats ou des populations civiles, je protège quand même des êtres humains. Ce que l'on fait pour le militaire a des applications civiles, et on utilise les découvertes que l'on fait sous contrat. Nous nous sommes assurés que l'on pouvait contrôler la propriété intellectuelle. [...] Nous nous sommes assurés que cela pourrait être utilisé pour le bien-être de la population en général, et que l'on aurait accès à cette propriété intellectuelle pour développer de la technologie "civile". » La conception d'un continuum direct entre technologies militaires et technologies civiles amène certains chercheurs à accepter et même à valoriser un financement militaire pour leurs travaux de recherche fondamentale. Sur ce point, le physicien Jacques H. explique sa position : « Les militaires auraient quand même accès aux connaissances que je développe, mais sans payer ; alors moi, j'obtiens de l'argent des militaires, ce qui veut dire moins d'argent pour les gens qui font la commande des armements, donc je n'ai pas de problème. Seulement, je ne vois pas une application immédiatement militaire à mes travaux. Ils m'ont demandé de viser des applications possibles futures : par exemple, il pourrait y avoir de l'électronique moléculaire ou des capteurs chimiques pour les explosifs, des choses comme ça [...]. Ce n'est pas comme développer un nouveau type de canon. [...] Évidemment, je ne ferais pas quelque chose qui est très orienté vers une application militaire [...]. Quand même, il faut voir que les militaires ont un budget fixe. Donc, toute partie du budget qui dort dans la recherche fondamentale, ça veut dire moins de budget qui va dans l'armement. » Suivant ce raisonnement, le financement militaire de recherches qui ne sont pas directement liées à l'armement représente une façon de contribuer à la diminution des dépenses dans ce secteur au profit de recherches ayant des retombées plus positives pour la société civile. Sans préjuger ici de l'efficacité d'une telle stratégie ni des effets de légitimation de ce type de discours, il faut toutefois souligner que la plupart des chercheurs insistent sur cette différenciation entre recherche axée sur l'armement et recherche axée sur la sécurité et la défense.

Confrontés aux questions morales et éthiques relatives aux applications militaires de leurs travaux, la majorité des chercheurs établissent une distinction nette entre technologies offensives et technologies défensives. Les propos de Nicolas L., chercheur en génie chimique, illustrent parfaitement cette position : « Je ne ferais pas une arme, ça, c'est clair. Dans le cadre militaire, jamais je ne travaillerai finalement à concevoir quelque chose qui pourrait détruire. Pour prévenir une attaque, pour prévenir, conserver, préserver notre sécurité, oui. Mais pas dans le but de faire une attaque, je ne ferai jamais ça. » Amenée pour la première fois à se prononcer sur ce point, la chercheuse en pharmacie Anne C. réalise que, pour elle, le but visé par une recherche n'est pas anodin : « Ça dépendrait carrément du but, de l'objectif ; tu viens de toucher une question qui me fait réaliser que oui, j'ai besoin de savoir pourquoi je fais de la recherche [...]. Tout dépend du motif, parce qu'ils n'ont pas juste les armes, les militaires, c'est pas juste de faire des armes. Ils ont aussi sûrement, je ne sais pas, des développements en sécurité [...]. Donc, ça dépendrait du motif. » En fait, l'objectif précis de la recherche semble interpeller davantage les chercheurs sur les plans moral et politique que l'origine du financement en tant que telle. Ceci transparaît clairement dans les propos de la chercheuse Sandra V. : « Il est certain qu'il y a des domaines auxquels je ne collaborerais pas, l'armement notamment, ou je ne sais pas, le développement d'un virus très mortel [rires], c'est des choses auxquelles je ne collaborerais pas. Maintenant, si c'est pour voir, au niveau de certaines blessures de guerre, la réparation ou la reconstruction de tissus, là, bien au contraire, si les militaires étaient intéressés par la façon de guérir plus rapidement certaines blessures de guerre, là, je n'aurais aucun problème à y participer. »

La recherche militaire au service de la nanoéconomie

Assimilé aux politiques de financement public des recherches en nanotechnologies, le domaine militaire est perçu par certains chercheurs comme un secteur industriel parmi d'autres. C'est le cas notamment du chimiste Olivier S., pour qui les recherches étiquetées militaires ne posent aucun problème : « Non, je n'ai pas vraiment de problème. Par exemple, on travaille sur des détecteurs infrarouges, c'est-à-dire des tubes qui absorbent l'infrarouge. Ça intéresse les militaires pour voir la nuit [...]. On peut travailler sur une autre chose et puis ça va finir par intéresser les militaires parce qu'ils peuvent communiquer mieux dans le noir. Ça n'a pas vraiment d'importance. Le militaire, pour moi, c'est l'industrie qui a une application bien particulière [...]. » Devant les enjeux financiers et économiques de la recherche, les considérations morales et éthiques peuvent devenir secondaires. Aux prises avec ces questions dès le début de sa carrière, l'ingénieur physicien Éric L. raconte ainsi son par-

cours, qui l'a mené à adopter une attitude pragmatique :
« J'ai commencé mon doctorat aux États-Unis et j'ai réalisé
que j'étais sur un projet financé par l'Office of Naval
Research. Recherche purement fondamentale, mais qui
venait de l'argent du département de la Défense. Ça me
dérangeait au point que j'ai quitté le meilleur groupe au
monde pour revenir au Québec. Donc, je l'ai déjà eue, cette
préoccupation-là. [...] Je ne voudrais pas faire des choses
uniquement pour le militaire, je ne travaillerais pas sur de
l'armement. Mais, à un moment donné, je me suis questionné longtemps quand j'avais vingt-cinq ans puisque je
suis revenu au Québec. Est-ce que, parce qu'il pourrait peut-
être y avoir une application militaire, on doit absolument
dire non à des choses qui peuvent faire du bien ? [...] Il faut
faire un peu confiance au système et aux différentes personnes qui sont impliquées. Parce que les militaires, ils ont
tellement d'argent que, si je ne le fais pas, ils vont le faire, et il
va y avoir un décalage de vingt-cinq ans entre l'industrie
militaire et la société [...]. Donc, oui, ça me préoccupe, mais
à un moment il faut faire la part des choses et se poser la
question : "Est-ce que c'est utile ou pas ?" Je pense qu'il ne
faut pas se fermer, parce que tout ce qui est performant, les
militaires vont réussir à s'en servir. » Devant les liens étroits
qui existent entre la recherche en nanotechnologies et l'industrie militaire, plusieurs chercheurs adoptent donc une
attitude pragmatique qui leur permet de tirer profit du
financement considérable dans ce secteur.

Occupant une part importante du financement public,
les subventions octroyées par le biais du secteur militaire
contribuent, si l'on se fie aux propos du physicien Carl T., au
développement de la nanoéconomie : « Beaucoup, beaucoup

de compagnies ont été créées grâce à l'argent donné par les militaires. C'est une façon que le gouvernement a trouvée pour subventionner en se lavant les mains et en disant : "Nous, on ne subventionne pas." C'est là le débat : ils essaient de faire du contrôle et du dumping dans d'autres secteurs, mais ils ne tiennent pas compte de toutes les subventions militaires [...]. Une grosse partie des entreprises, des *start-ups*, a été générée par l'argent des militaires. Il y a même des entreprises très, très bien placées qui ont été sauvées par l'argent des militaires [...]. Même Boeing, par exemple, a poursuivi Airbus, en disant qu'Airbus était aidée par l'argent du militaire. » Cette façon de présenter les subventions militaires comme une ressource indispensable au développement des nanotechnologies tend à relativiser les questions éthiques posées par les retombées possiblement négatives de la recherche. Cette tendance est palpable, à des degrés divers, chez plusieurs chercheurs. La ligne est parfois mince entre pragmatisme et cynisme, comme l'illustre cette remarque du physicien Jacques H. : « Je n'ai pas eu de contacts à ce niveau-là. Le seul contact que j'ai eu avec les militaires, c'était lors d'un comité de doctorat qui portait sur un sujet lié aux thermoplastiques explosifs. Je trouvais très, très intéressant de faire des explosifs écologiques qui détruisaient un maximum de choses, mais qui ne laissaient aucun déchet. »

Le soldat au service de la science

Bon nombre de recherches dans le domaine militaire visent la protection des soldats et l'amélioration de leur performance. Qu'il soit question de créer des vêtements intelligents dotés de nanodispositifs pouvant détecter des contaminants ou de créer des interfaces humain/machine plus puissantes afin d'accroître les capacités de communication, les recherches visant à perfectionner l'équipement des soldats bénéficient de l'enthousiasme des chercheurs, qui y voient une façon positive de participer aux travaux dans ce domaine. Le point de vue de Mathieu N., chercheur en génie électrique, est très éloquent sur ce point : « C'est certain qu'inventer un gaz mortel pour tuer, faire une bombe, c'est différent [...]. Mais le DARPA [Defense Advanced Research Projects Agency] est une des rares agences de subvention qui va permettre l'investigation de recherches qui sont à très, très haut risque [...]. Il y avait, par exemple, un programme sur le *Brain-Machine Interface* pour essayer d'augmenter les capacités mentales du soldat afin de pouvoir contrôler des missiles ou des tanks. [...] Il faut toujours qu'il y ait des répercussions dans le monde civil ; c'est sûr que c'est pour le soldat, mais il y a beaucoup de technologies qui ont été développées par les militaires qui ont eu des retombées thérapeutiques. Quand on regarde l'argent investi dans le *Brain-Machine Interface,* indirectement ça aide les handicapés en chaise roulante à atteindre une plus grande autonomie. [...] Si ça peut aider les handicapés à avoir une plus grande autonomie, ça peut peut-être aider aussi ceux qui sont déjà autonomes à avoir encore plus d'autonomie, pour avoir plus de possibilités [...]. Et là, on pourrait penser à long terme que même les gens qui ne sont pas handicapés voudraient avoir des implants pour leur permettre de faire des choses. En fin de compte, les handicapés vont peut-être avoir plus de pouvoir que les non-handicapés ! [...] Donc, les gens ne sont pas vraiment pour la guerre ou contre la guerre, c'est juste un moyen de pouvoir développer certaines technologies qui peuvent être utilisées autant dans le civil que dans le militaire [...]. » L'amélioration des performances du soldat apparaît, aux yeux de ce chercheur, comme une étape vers l'augmentation des capacités et de l'autonomie des civils, indépendamment de leur condition. Les potentialités « thérapeutiques » des nanotechnologies dépassent dans l'imaginaire les limites sensorielles et biologiques du corps humain. Plus concrètement, il est vrai que l'application des nanotechnologies dans le domaine biomédical est l'un des principaux objectifs des programmes actuels de financement de la recherche.

CHAPITRE 7

De la nanomédecine aux enjeux éthiques

Je pense que la seule chose qui est commune, c'est de vouloir la vie éternelle, de vouloir vivre plus vieux [...].

ÉRIC L., chercheur en génie physique

Parmi les nombreuses promesses portées par la conquête de l'infiniment petit, celles d'améliorer les performances humaines et d'allonger la durée de vie occupent une place centrale[1]. Loin d'être associé à un cercle restreint de chercheurs et de futurologues marginaux, le projet de modifier et d'améliorer le corps humain à l'aide des nanotechnologies fait l'objet, depuis 2002, d'un programme de recherche présidé par la National Science Foundation. Intitulé *Converging Technologies for Improving Human Performance*, le programme NBIC (nano, bio, info, cogno) présente de manière prospective les avancées technoscientifiques envisageables grâce à la force de convergence des nanotechnologies[2]. Dans un avis portant sur l'éthique des nanotechnologies, la Commission de l'éthique de la science et de la technologie du Québec note d'ailleurs, à propos des applications éventuelles de la nanomédecine : « La frontière peut être mouvante et ténue entre ce qui relève du domaine de la thérapie — guérir, soigner, rendre normal à nouveau — et ce qui appartient à l'optimisation des performances humaines — améliorer, rendre supérieur à la norme[3]. » Toujours selon cet avis, les nanotechnologies appliquées au domaine biomédical « auront le potentiel nécessaire pour modifier le rapport à soi de chaque être humain ainsi que ses représentations culturelles[4] ». Les questions éthiques soulevées par la nanomédecine sont donc de taille : quelles sont les frontières symboliques entre guérison, régénération et amélioration ? Et quelles sont les conséquences de leur modification sur le plan de l'identité humaine ? Comment départager les soins nécessaires au maintien d'une bonne santé de ceux destinés à améliorer la condition humaine, lorsqu'il est question de traitements visant à combattre et à inverser les effets du vieillissement ? Les traitements issus des avancées de la nanomédecine sont-ils compatibles avec un système de santé public ? Sans répondre directement à toutes ces questions, les chercheurs en nanotechnologies se montrent très sensibles aux enjeux éthiques de la recherche, notamment dans le domaine de la santé.

Selon la définition donnée par NanoQuébec, la nanomédecine correspond « au domaine consacré à la santé, qui utilise les connaissances acquises en médecine, en biologie et en nanotechnologies pour le plus souvent fabriquer, à l'échelle des molécules et des cellules, des outils aux dimensions nanométriques, servant habituellement à diagnostiquer ou à traiter des maladies, à administrer des médicaments ou à réparer, reconstruire ou remplacer des tissus ou des organes[5] ». Concrètement, le champ de la nanomédecine se divise en trois secteurs fondamentaux de la recherche et de la pratique médicale : celui des outils diagnostiques, celui des dispositifs de distribution des médicaments et celui des traitements régénératifs. On retrouve sur la longue liste des recherches valorisées par NanoQuébec de nouveaux médicaments à base de nanostructures, des systèmes d'administration de médicaments ciblant des endroits précis dans le corps, des matériaux de remplacement biocompatibles avec les organes et les fluides humains, des autodiagnostics à domicile, des senseurs tenant sur une puce, des matériaux pour la régénération des os, des tissus et des nerfs, etc.[6]. Le nombre considérable de chercheurs œuvrant dans des projets de recherche liés au domaine biomédical témoigne de la priorité accordée à ce secteur par les organismes subventionnaires. Il faut d'ailleurs souligner que la majorité des chercheurs que nous avons interrogés ont développé des problématiques de recherche en lien avec des questions de santé, et cela, indépendamment de leur formation disciplinaire.

L'objectif santé

Valeur suprême de la société contemporaine, la santé constitue l'un des enjeux premiers de la recherche en nanotechnologies, comme l'exprime Anne C., chercheuse en pharmacie : « Les retombées de la recherche en biomatériaux, c'est la santé. Moi, je me dirige de plus en plus, depuis que je suis à Montréal, vers l'amélioration des conditions de santé. » C'est ce même objectif qui semble animer le chercheur Arnaud S. : « Nous, on travaille essentiellement avec des médicaments anticancéreux. Donc, au niveau social, je pense qu'il y a un aspect important qui est l'amélioration de la santé des gens. Nous, on travaille avec des pathologies qui sont très lourdes de conséquences, pour les familles et pour les gens qui souffrent. […] Si l'on peut améliorer l'efficacité des médicaments anticancéreux, ou au moins diminuer leurs effets secondaires, je pense que pour les gens atteints et leur famille les répercussions sont réelles. » L'aura positive qui entoure ce genre de recherches explique, en partie, pourquoi en nanotechnologies « les applications concernent plutôt le domaine de la santé », pour reprendre les propos de l'ingénieure chimiste Claire D. Selon cette chercheuse, même si les retombées concrètes des recherches peuvent parfois paraître minimes, elles sont néanmoins essentielles : « [C'est] peut-être mineur, mais je pense que ça aura possiblement des implications. Et bon, je suis réaliste, il n'y aura jamais une de mes inventions qui va sauver le monde. C'est des petits trucs [...], on a des particules qui peuvent être utilisées pour encapsuler des médicaments, peut-être qu'on arrivera à montrer qu'elles sont vraiment uniques. [...] Ça pourra aider dans le cas de l'arthrite ou de l'Alzheimer. » Présentées de manière positive, les recherches dans le domaine biomédical ne sont toutefois pas neutres, dans la mesure où elles soulèvent des questions d'ordre social et politique. Spécialiste des nanomatériaux biocompatibles, le physicien Jacques H. souligne d'ailleurs les inégalités internationales en matière de santé : « Si l'on regarde les applications, [...] les retombées concernent le domaine de la santé, surtout dans les pays développés. Parce que pour les pays en développement, il y a d'autres problèmes. »

La santé à tout prix ?

Mises à part les inégalités incommensurables entre pays riches et pays pauvres, l'accessibilité aux traitements issus des recherches en nanomédecine constitue, pour plusieurs chercheurs, une véritable préoccupation dans le contexte d'une augmentation croissante des coûts du système de santé. Chercheuse en génie biomédical, Fanny R. nous fait part de ses réflexions sur ce point : « Je suis très, très préoccupée par ces questions [...]. Je suis en contact avec les chirurgiens, qui me disent parfois : "On aimerait bien appliquer telle technologie qu'on a vue ailleurs, mais son coût, le système de santé ne pourrait pas le supporter, donc on n'y a pas accès et on est quelque peu limité." Je suis donc très sensibilisée à cette question lorsque je développe un matériau [...]. Disons que, par rapport à toutes les possibilités qui s'offrent à moi pour optimiser la réponse cellulaire au contact de ces matériaux biomimétiques, j'essaie de voir parmi toutes les voies la plus efficace, mais à un coût raisonnable pour pouvoir la transposer. » Dans le contexte du vieillissement de la population, les enjeux relatifs aux avancées dans le domaine biomédical dépassent d'ailleurs la simple question des coûts directs des traitements, comme le souligne l'ingénieur Mathieu N. : « L'accessibilité à ces technologies ? [...] Une personne de 78 ans dont on pourrait prolonger la vie de trois ans, au coût de 250 000 dollars : on le fait ou pas ? Et si on ne le fait pas à 78 ans, à 76 ans est-ce qu'on le fait ? À 68 ans ? À quel âge on fixe la limite ? [...] Ça, c'est un paquet de problèmes éthiques. » Pour le chimiste Michael S., ces considérations d'ordre socioéconomique ne constituent ni un problème spécifique à la nanomédecine ni un obstacle réel au développement des applications dans ce domaine : « La médecine coûte déjà cher. La technologie médicale, les appareillages coûtent très, très cher [...]. On ne va pas multiplier les coûts par dix-neuf, c'est sûr, parce qu'on a l'avantage de travailler avec de toutes petites choses [...]. Je ne pense pas que ce soit un domaine qui coûte aussi cher que l'aéronautique, par exemple. Ça ne me paraît pas être un gros problème. » Même si la question des coûts et de l'accessibilité aux soins de santé demeure la préoccupation la plus concrètement exprimée par les chercheurs, plusieurs autres enjeux d'envergure, telles les modifications de l'identité corporelle, ressortent de leurs propos.

Aux frontières de l'identité

La manipulation, le contrôle et le réagencement de la matière à l'échelle des atomes et des molécules donnent aux nanotechnologies des potentialités inégalées, dont l'une des principales conséquences épistémologiques est la remise en cause des frontières entre vivant et non-vivant, entre nature et technique, entre humain et machine. Dans le cas de la nanomédecine, cette question des frontières se pose avec encore plus d'acuité, dans la mesure où elle touche directement au corps et à l'identité individuelle. Par exemple, lorsqu'on manipule la structure des cellules d'un patient cancéreux, jusqu'où peut-on aller sans modifier son identité biologique et produire des effets non souhaités ? Chercheuse en génie biomédical, Fanny R. fait face à ce type de questionnement : « Maintenant, la question qui se pose, c'est qu'on pourrait très bien aller vers de la thérapie cellulaire, réinjecter chez le patient des cellules qu'on lui aurait prélevées au départ et qu'on aurait modifiées en culture pour solidifier ses os. Il y a toujours des pendants au niveau éthique si on modifie les cellules *in vitro* et qu'on les réinjecte, on va forcément modifier leur comportement [...]. Est-ce qu'on a les connaissances suffisantes pour bien contrôler ce phénomène ? [...] Le cancer est toujours un très, très gros problème. » Les enjeux éthiques liés à l'identité corporelle ressortent plus fortement encore lorsqu'il est question de médecine préventive et personnalisée. Selon le chercheur Steven B., c'est dans cette direction que s'orientent les recherches actuelles en nanomédecine : « L'impact ultime de ces découvertes-là, ce sera la médecine préventive et personnalisée [...]. Vous pouvez voir la personne, faire des tests qui peuvent définir des prédispositions à une maladie [...]. On parle de médecine préventive, donc ça veut dire que l'on a une connaissance de certains risques, il y aura une problématique face à la confidentialité de l'information que l'on peut avoir avec l'étude de l'ADN. » Ce genre de questionnement éthique suppose la prise en compte non seulement des dimensions proprement scientifiques, mais aussi des enjeux sociologiques et philosophiques relatifs aux représentations de l'identité corporelle. Le temps nécessaire à une analyse et à une réflexion en profondeur contraste toutefois avec la logique d'innovation et de commercialisation accélérée à laquelle doivent répondre les chercheurs.

Des enjeux complexes

Tout en se heurtant aux enjeux éthiques des avancées biomédicales dans le domaine de la nanomédecine, certains chercheurs déplorent le manque de perspective critique sur les conditions mêmes de la recherche, notamment sur la provenance du matériel biologique. Véritables matières premières, les fameuses cellules souches embryonnaires font l'objet de vives controverses scientifiques et éthiques concernant le statut de l'embryon humain et son utilisation à des fins de recherche. Interpellé par ce débat, le chercheur Yan B. se prononce sur l'importance de définir l'origine et la provenance des cellules souches : « S'il se développe un marché noir de l'avortement pour obtenir des cellules souches, bien moi, je ne suis pas d'accord avec ça, c'est clair. Qui pourrait être d'accord avec ça ? Si l'on se met à monnayer les cellules embryonnaires ou les fœtus, c'est dommage. Par contre, si on utilise les fœtus mort-nés, là, c'est clair que l'on n'a pas arrêté une vie. Les cellules de cordon ombilical, c'est une source de cellules souches aussi [...]. Ce qui est à questionner, ce n'est peut-être pas l'utilisation des cellules souches [...] parce que le scientifique, malheureusement, a besoin de cette matière première, comme l'industrie de la microélectronique a besoin d'or [...] — puis à cause de cela ils contaminent des terres un peu partout. C'est l'effet papillon. Il y a une demande pour les cellules souches, mais le problème n'est pas là. D'après moi, le problème, c'est la source, c'est plutôt les hyperovulants, c'est plutôt les nouvelles techniques de reproduction. Donc, pour moi, le problème, il est là. Est-ce qu'ils sont obligés, pour rentabiliser leurs manipulations, d'avoir recours aux hyperovulations ? Peut-être que oui. » En effectuant un parallèle entre la recherche sur les cellules souches et l'industrie de la microélectronique, c'est en fait tout le mode de fonctionnement des technosciences que met en doute ce chercheur. Lorsqu'il s'interroge sur l'utilisation systématique de la stimulation ovarienne dans l'industrie des nouvelles technologies de reproduction, il touche au cœur même du débat, c'est-à-dire la production d'ovules et d'embryons en série à des fins de rentabilité et d'efficacité. Plus globalement encore, sa référence à l'effet papillon montre la complexité inhérente aux impacts environnementaux des nanotechnologies.

Éthique, risques et environnement

Occupant une place centrale dans les débats publics entourant le développement des nanotechnologies, les risques potentiels que représentent les nanoparticules pour la santé et l'environnement sont loin d'être négligeables. Concrets et immédiats, ces risques poussent bon nombre de groupes de citoyens et de militants écologistes à se mobiliser pour réclamer un moratoire sur la commercialisation des nanoproduits. De par leur taille et leur forme, les nanoparticules peuvent se déplacer de manière inédite à l'intérieur de l'organisme, et elles possèdent une plus grande puissance réactive. Les études toxicologiques ont montré qu'elles peuvent traverser les tissus humains, notamment la barrière hémato-encéphalique. Malgré l'importance des risques, seulement 4 % environ des dépenses de recherche et développement en nanotechnologies sont consacrées à l'étude des risques sanitaires et environnementaux[7]. Face aux nombreuses zones d'ombre concernant la toxicité des nanoparticules, la Commission de l'éthique de la science et de la technologie recommande d'augmenter la quantité d'études d'impacts qui tiennent compte de l'approche du cycle de vie (production, diffusion, élimination)[8].

Les chercheurs en nanotechnologies sont très conscients des risques potentiels liés à la production et à l'utilisation de nanoparticules. L'évaluation de leur toxicité représente en fait un véritable défi, comme l'explique le chimiste Olivier S. : « [Dans le domaine des] nanoparticules, effectivement, il y a un défi. Un défi surtout quant à la méthode utilisée pour analyser la toxicité. Les molécules, c'est déjà compliqué, mais on peut les identifier. On a établi avec les années des méthodes. Avec les nanoparticules, le problème, c'est que l'on ne sait pas comment les identifier correctement. Pour une molécule, on fait une spectroscopie, on a une structure, on a identifié la molécule, puis l'on détermine si elle est toxique ou non. Dans le cas d'une nanoparticule, la réactivité change. C'est toujours la même particule, mais en changeant un atome, la réactivité n'est plus la même. Donc, avec plus ou moins un atome dans des structures formées de 10 000 atomes ou de 5 000 atomes, nous n'avons pas la capacité de déterminer cela correctement. Donc, il faut beaucoup de réflexion et de maturation. » Malgré la reconnaissance des difficultés à évaluer les risques liés aux nanoparticules, ce même chercheur tend à nuancer et à relativiser le danger : « Il y a beaucoup de particules qui existent depuis des générations et des générations, par exemple des nanoparticules qui sont émises par les diesels. Donc, il y a toutes sortes de nanoparticules qui existent, qui sont assemblées dans la nature [...]. Mais, comme avec n'importe quel matériau — l'amiante est un bel exemple — il faut faire des études plus poussées. » La nécessité d'effectuer des études approfondies de toxicité contraste, une fois de plus, avec la logique d'innovation et de commercialisation des nanotechnologies. Dans ce cas-ci, non seulement la question reste entière, mais les risques le demeurent aussi.

Pour une éthique de l'honnêteté

Reconnaissant, pour la plupart, l'importance et la pertinence des débats éthiques soulevés par l'essor des nanotechnologies, les chercheurs interrogés se sont toutefois montrés moins volubiles et plus réticents à se prononcer sur ces questions. Le rejet des OGM par une grande part de la population et les critiques ouvertement adressées aux scientifiques ont eu pour effet, selon le sociologue Dominique Vinck, d'alimenter chez certains chercheurs une peur de l'opinion publique[9]. Afin de contrer les éventuelles critiques, les chercheurs et les investisseurs ont tendance à grossir les retombées positives de leurs recherches au détriment des zones d'ombre. Il faut dire que, face aux impératifs économiques, les chercheurs sont contraints d'élaborer un discours de vente qui, très souvent, dépasse le cadre d'un discours scientifique rationnel. Ce phénomène menace, selon le physicien Carl T., l'intégrité et l'honnêteté des chercheurs. Ce dernier soulève en fait un véritable questionnement éthique : « [L']éthique [...], c'est avoir une certaine honnêteté ; le peu qui reste d'honnêteté scientifique, il faut le garder. Je suis sévère avec le mensonge. J'accepte la vente, mais je n'accepte pas la malhonnêteté [...]. Le système a créé cela ; à la limite, je dirais que les gens sont presque victimes. C'est parfois des montages scientifiques, des affaires pour aller retirer de l'argent, comme un universitaire qui va payer quelqu'un dans l'industrie [...]. Il y a des montages, et quand je vois cela je suis très sévère et très dur. » Parmi les nombreuses questions sociales et éthiques soulevées par le déploiement des nanotechnologies, le fait que la logique d'innovation économique menace l'intégrité des scientifiques englobe, en un sens, toutes les autres questions. Ainsi, c'est la logique même du développement technoscientifique que les nanotechnologies nous invitent à penser.

Conclusion

À l'heure où s'amorce le débat public autour des risques et des enjeux liés au développement des nanotechnologies, l'analyse du point de vue des principaux chercheurs québécois dans ce domaine apporte davantage de questions que de réponses. À commencer par l'appellation *nano* elle-même, qui se rapproche plus du label publicitaire que d'une véritable entreprise scientifique. Comment s'y retrouver entre les stratégies liées à l'appropriation des sources de financement et les réelles avancées en matière de nanotechnologies? Difficile de départager le probable de l'invraisemblable lorsqu'on connaît le lien étroit unissant les discours de promotion des nanotechnologies à la science-fiction. Partie prenante de l'innovation technoscientifique, la bulle spéculative devrait donc être prise en compte dans l'examen public des nanotechnologies. Est-il raisonnable d'investir massivement dans ce domaine au détriment d'autres champs de recherche laissés pour compte par la conquête de l'infiniment petit?

Analysant la logique de convergence NBIC (nano, bio, info, cogno), qui tend à fusionner toutes les disciplines vers un même modèle de recherche, l'historienne des sciences Bernadette Bensaude-Vincent montre bien, dans son livre *Les Vertiges de la technoscience*, l'importance de conserver un pluralisme épistémologique en science afin de préserver les acquis et de poursuivre la quête de connaissance propre à chaque discipline. Son analyse fait écho, sans que l'historienne le sache, aux propos du chercheur Nicolas L., qui soutenait lors de notre entretien : « Je pense que la plus grande révolution scientifique qui pourrait survenir de nos jours, ce serait de retourner aux bases fondamentales et de ne pas tomber dans le piège, justement, d'aller vers des champs très, très larges où les gens qui sont formés ne savent rien faire, en fait. Il faut former des gens dans des disciplines fondamentales [...]. Moi, j'ai très peur de ces pièges que l'on voit. Les programmes universitaires poussent maintenant comme des champignons un peu partout pour aller chercher des étudiants, la clientèle. On parle d'interdisciplinarité, mais les gens ne savent pas de quoi il s'agit, la plupart n'ont jamais travaillé dans un projet interdisciplinaire. » Face au tout-*nano*, il faut conserver un certain scepticisme et mettre en doute les prétentions totalisantes de la logique de convergence interdisciplinaire. Si abstraites qu'elles puissent paraître, les questions d'ordre épistémologique sont donc aussi fondamentales dans le débat public que les dimensions politiques et économiques.

S'il s'avère essentiel de maintenir une certaine distance critique par rapport aux promesses portées par le développement des nanotechnologies, il faut toutefois prendre bien au sérieux les risques pour la santé humaine et pour l'environnement. Étant donné le manque de connaissances concernant la toxicité des nanoparticules, la commercialisation accélérée des nanotechnologies va, de manière évidente, à l'encontre du principe de précaution, comme plusieurs chercheurs en conviennent. S'il semble irréaliste de demander l'imposition d'un moratoire sur la recherche, la commercialisation devrait cependant être très strictement encadrée. Centré sur la question concrète des risques, le débat public qui s'amorce devrait inclure les dimensions plus idéologiques, voire métaphysiques, des nanotechnologies, pour reprendre l'expression du philosophe Jean-Pierre Dupuy. Ainsi, le projet de façonner le monde atome par atome suppose une redéfinition de la nature et de l'être humain qui mérite d'être longuement analysée et discutée. Quelles sont les valeurs sociales et culturelles sous-tendues par cette volonté de manipuler la matière à l'échelle nanométrique? Lorsqu'il est question du rapport humain/machine et de l'identité corporelle, quelles sont les limites à ne pas dépasser? Que veut dire concrètement « améliorer la puissance et les capacités humaines »? Au cours des entretiens, les chercheurs ont soulevé ces questions sans pour autant apporter ne serait-ce qu'un début de réponse. L'ampleur des enjeux soulevés porte à croire qu'aucune réponse définitive ne pourra être formulée. La réflexion collective devrait donc reposer sur un questionnement constant et une remise en cause des présupposés évolutionnistes en matière de nanotechnologies. Car, en faisant croire que l'évolution des sociétés modernes passe nécessairement par le développement des nanotechnologies, les promoteurs publics et privés placent les citoyens devant une logique inéluctable à laquelle ils sont sommés de s'adapter. Or, l'adaptation, au sens darwinien du terme, est le contraire même de l'action démocratique, qui suppose la discussion éclairée et le choix collectif. Dire qu'il faut à tout prix s'adapter à la révolution *nano* procède d'une véritable aliénation politique.

L'un des aspects qui ressort le plus fortement de l'analyse des entretiens, c'est la place grandissante qu'occupent les dimensions financières et économiques dans l'orientation de la recherche en nanotechnologies. Indissociable d'un réaménagement des rapports entre universités et industrie, le modèle établi par les programmes stratégiques en nanotechnologies représente, aux yeux de beaucoup de chercheurs, une véritable menace à la liberté académique et à la recherche proprement scientifique. Le débat collectif autour des enjeux sociaux, économiques et éthiques des nanotechnologies ne peut donc pas se contenter de rejeter ou d'encadrer telle ou telle pratique. Il se doit de réfléchir sur la place centrale qu'occupe la science dans nos sociétés afin de s'assurer d'en conserver les soubassements tant institutionnels qu'épistémologiques. Peut-être alors pourrons-nous véritablement aspirer à faire entrer les sciences en démocratie.

Notes

INTRODUCTION

1. Je reprends ici le sous-titre de l'ouvrage récent de Bernadette Bensaude-Vincent, *Les Vertiges de la technoscience. Façonner le monde atome par atome*, Paris, La Découverte, 2009.
2. L'organisme Les AmiEs de la Terre a publié, dans un rapport de 2008, une liste de 212 produits contenant des nanoparticules : voir www.foeeurope.org/activities/nanotechnology/Documents/Nano_food_report.pdf (consulté le 29 novembre 2009).
3. nanoquebec.ca
4. Voir Céline Lafontaine, « Le Québec NanoTech : les discours publics en matière de nanotechnologie entre promotion et fascination », *Quaderni*, n° 61 (2006), p. 39-53.

CHAPITRE I • L'UNIVERS *NANO*. LES ENJEUX D'UNE DÉFINITION

1. Je me réfère ici aux ouvrages suivants : William Atkinson, *Nanocosm: The Big Change that's Coming from the Very Small*, Viking Canada, 2003 ; Jean-Louis Pautrat, *Demain le Nanomonde. Voyage au cœur du minuscule*, Paris, Fayard, 2002 ; N. Katherine Hayles (dir.), *Nanoculture: Implications of the New Technoscience*, Portland (Oregon), Intellect Books, 2004.

2. Yan de Kerorguen, *Les Nanotechnologies. Espoir, menace ou mirage?*, Paris, Lignes de repères, 2006, p. 15.
3. Je renvoie ici à la thèse de doctorat (en cours) de Sébastien Richard au Département de sociologie de l'Université de Montréal, qui porte précisément sur la notion de « nanomonde » et sur la construction de cette dimension au moyen d'instruments techniques, tels que le microscope à effet tunnel.
4. *Idem.*
5. Je me réfère ici au rapport du Conseil de la science et de la technologie du Québec publié en juin 2001, intitulé *Les Nanotechnologies. La maîtrise de l'infiniment petit.* Ce rapport a tenu un rôle central dans l'orientation des politiques de recherche et développement du Québec, en recommandant notamment la création de NanoQuébec.
6. Dominique Vinck, *Les Nanotechnologies,* Paris, Éditions du Cavalier bleu, coll. « Idées reçues », 2009, p. 19-20.
7. Jan C. Schmidt, « Unbounded Technologies : Working Through the Technological Reductionism of Nanotechnology », dans Davis Baird, Alfred Nordmann et Joachim Schummer (dir.), *Discovering The Nanoscale,* Amsterdam, IOS, 2004.
8. Conseil de la science et de la technologie du Québec, *Les Nanotechnologies. La maîtrise de l'infiniment petit,* p. 2.
9. Commission de l'éthique de la science et de la technologie, *Éthique et Nanotechnologie. Se donner les moyens d'agir,* Québec, 2006, p. 82.
10. Sur ce point, voir l'article de Bernadette Bensaude-Vincent « Nanotechnologies : une révolution annoncée », *Études,* tome 441 (décembre 2009), p. 606.
11. Conseil de la science et de la technologie du Québec, *Les Nanotechnologies. La maîtrise de l'infiniment petit.*
12. *Idem.*
13. Sur cette question, voir notamment Bernadette Bensaude-Vincent, *Se libérer de la matière ? Fantasmes autour des nouvelles technologies,* Paris, Éditions de l'INRA, 2004 ; et Cyrus C. M. Mody, « Small, but Determined : Technological Determinism

in Nanoscience », *Hyle International Journal for Philosophy of Chemistry*, vol. 10, n° 2 (2004), p. 99-128.
14. Joachim Schummer, « Societal and Ethical Implications of Nanotechnology: Meanings, Interest Groups, and Social Dynamics », *Techné*, vol. 8, n° 2 (hiver 2004), p. 56-87. Voir aussi le site Internet du NNI, www.nano.gov (consulté le 29 novembre 2009).
15. Conseil de la science et de la technologie du Québec, *Les Nanotechnologies. La maîtrise de l'infiniment petit*, p. 4.

CHAPITRE 2 • ENTRE NANOSCIENCE ET NANOFICTION

1. Pour une analyse synthétique des débats et des promesses entourant le développement des nanotechnologies, voir Dominique Vinck, *Les Nanotechnologies*.
2. Voir à ce sujet Milburn Colin, « Nanotechnology in the Age of Posthuman Engineering: Science-Fiction as Science », dans N. Katherine Hayles (dir.), *Nanoculture: Implications of the New Technoscience*, p. 109-129.
3. Voir sur cette question Marina Maestrutti, « Les imaginaires des nanotechnologies », thèse en épistémologie, histoire des sciences et des techniques, Université Paris X — Nanterre, 2007.
4. Voir Céline Lafontaine, « Le Québec NanoTech ».
5. Cynthia Selin, « Expectations and the Emergence of Nanotechnology », *Science, Technology & Human Values*, vol. 32, n° 2 (2007), p. 196-220.
6. Joachim Schummer, « Societal and Ethical Implications of Nanotechnology ».
7. Sur la question des rapports entre science et science-fiction dans les nanotechnologies, voir les travaux suivants : Sylvie Catellin, « Le recours à la science-fiction dans le débat public : anticipation et prospective », *Quaderni*, n° 61 (2006), p. 13-24 ; Arne Hessenbruch, « Beyond Truth: Pleasure of Nanofutures »,

Techné, vol. 8, n° 3 (2005), p. 34-61 ; José Lopez, « Bridging the Gaps: Science Fiction in Nanotechnology », *Hyle International Journal for Philosophy of Chemistry*, vol. 10, n° 2 (2004), p. 129-152.

8. Marina Maestrutti, « Les imaginaires des nanotechnologies ».
9. Bernadette Bensaude-Vincent, Raphaël Larrère et Vanessa Nurock, « Pour une philosophie de terrain », dans *Bionanoéthique. Perspectives critiques sur les bionanotechnologies*, Paris, Vuibert, 2008, p. XIII.
10. Eric Drexler, *Engines of Creation: The Coming Era of Nanotechnology*, New York, Anchor Books, 1986.
11. Marina Maestrutti, « Les imaginaires des nanotechnologies », p. 10-11.
12. Sur cette question, voir Céline Lafontaine, *La Société postmortelle. La mort, l'individu et le lien social à l'ère des technosciences*, Paris, Seuil, 2008, p. 172-173.
13. Marina Maestrutti, « Les imaginaires des nanotechnologies ».
14. Je me réfère ici au célèbre débat entre Eric Drexler et le Prix Nobel de chimie Richard Smalley sur la faisabilité des nanorobots autorépliquants.
15. À titre d'exemple de l'utilisation de cette métaphore, voir Fabien Gruhier, « "Nano-Lego" atomique », *Le Nouvel Observateur*, n° 2246 (22 novembre 2007).
16. Je me réfère ici au concept de *self-fulfilling prophecy* théorisé par le sociologue Robert K. Merton dans *Social Theory and Social Structure* en 1949.
17. J'emprunte le concept de *politics of the future* à la sociologue Cynthia Selin. Voir son article « Expectations and the Emergence of Nanotechnology ».
18. Sur la question de la dimension nanométrique qui échappe aux sens humains, je dois souligner la thèse de doctorat (en cours) de Sébastien Richard, déjà citée.

CHAPITRE 3 • NATURE, TECHNIQUE ET NANOTECHNOLOGIES : AUX FRONTIÈRES DE L'HYBRIDITÉ

1. Pour une étude approfondie de cette question, voir Daphné Esquivel Sada, « Le "nanomonde" et le renversement de la distinction entre nature et technique : entre l'artificialisation de la nature et la naturalisation de l'artifice », mémoire de maîtrise, Département de sociologie, Université de Montréal, 2009.
2. Sur cette question, voir l'ouvrage de Bernadette Bensaude-Vincent *Les Vertiges de la technoscience*.
3. Jean-Pierre Dupuy, *Impact du développement futur des nanotechnologies sur l'économie, la société, la culture et les conditions de la paix mondiale*, Paris, Conseil général des mines, 2002.
4. Mihail C. Roco et William Sims Bainbridge (dir.), *Converging Technologies for Improving Human Performance*, Arlington (Virginie), National Science Foundation, juin 2002. En ligne : www.wtec.org/ConvergingTechnologies/1/NBIC_report.pdf (consulté le 29 novembre 2009). Depuis 2002, un nombre important d'études en sciences sociales se sont penchées sur le phénomène de la convergence technoscientifique. Parmi ces nombreux travaux, je retiens à titre de références la thèse de Marina Maestrutti, « Les imaginaires des nanotechnologies », et celle de Michèle Robitaille, « Culture du corps et technosciences : vers une "mise à niveau" technique de l'humain ? Analyse des représentations du corps soutenues par le mouvement transhumaniste », Département de sociologie, Université de Montréal, 2008.
5. Philippe Descola, *Par-delà nature et culture*, Paris, Gallimard, 2005. Sur cette question, voir le mémoire déjà cité de Daphné Esquivel Sada, « Le "nanomonde" et le renversement de la distinction entre nature et technique ».
6. Bernadette Bensaude-Vincent, *Se libérer de la matière ?*
7. Fern Wickson, « Narratives of Nature and Nanotechnology », *Nature Nanotechnology*, n° 3 (juin 2008), p. 313-315.
8. Découverts en 1991 par un chercheur japonais, les nanotubes

de carbone possèdent, sur le plan des propriétés mécaniques, une rigidité comparable à celle de l'acier, combinée à une extrême légèreté. Ils ont aussi la propriété électrique d'agir comme semi-conducteurs.
9. Jean-Pierre Dupuy, *Impact du développement futur des nanotechnologies*, p. 11-12. Voir aussi Jean-Pierre Dupuy et Françoise Roure, *Les Nanotechnologies. Éthique et prospective industrielle*, tome 1, Paris, Conseil général des mines et Conseil général des technologies de l'information, 2004, p. 19-20. En ligne : www.cgm.org/themes/deveco/develop/nanofinal.pdf (consulté le 29 novembre 2009).
10. Bernadette Bensaude-Vincent, « Reconfiguring Nature Through Synthesis », dans Bernadette Bensaude-Vincent et William R. Newman (dir.), *The Artificial and the Natural: An Evolving Polarity*, Cambridge, MIT Press, 2007, p. 304-305.
11. Jean-Pierre Dupuy, *Impact du développement futur des nanotechnologies*.
12. Sur la question des hybrides, voir notamment Bruno Latour, *Nous n'avons jamais été modernes*, Paris, La Découverte, coll. « Poche », 1997.
13. Chris Hables Gray, *Cyborg Citizen: Politics in the Posthuman Age*, New York et Londres, Routledge, 2002, p. 182 (traduction libre).
14. Sur la question de la biologie synthétique, voir l'ouvrage collectif dirigé par Bernadette Bensaude-Vincent, Raphaël Larrère et Vanessa Nurock, *Bionano-éthique. Perspectives critiques sur les bionanotechnologies*.
15. Sur ce point, voir Céline Lafontaine, *L'Empire cybernétique. Des machines à penser à la pensée machine*, Paris, Seuil, 2004.

CHAPITRE 4 • UN MODÈLE PARFAIT DE TECHNOSCIENCE

1. Jan C. Schmidt, « Unbounded Technologies ».
2. Cyrus C. M. Mody, « Small, but Determined ».

3. La loi de Moore a été formulée en 1965 par Gordon E. Moore, un des trois fondateurs d'Intel. Constatant que la complexité des semi-conducteurs proposés doublait tous les ans à coût constant depuis 1959, date de leur invention, il postulait la poursuite de cette croissance. Cette augmentation exponentielle fut rapidement nommée « loi de Moore ».
4. Bernadette Bensaude-Vincent, *Les Vertiges de la technoscience*, p. 195.
5. Voir l'analyse fine et détaillée du concept de technoscience par Bernadette Bensaude-Vincent dans *ibid.*, p. 52-54.
6. Sur cette question, voir la thèse de doctorat (en cours) de Sébastien Richard, déjà citée.
7. Joseph Pitt, « The Epistemology of the Very Small », dans Davis Baird, Alfred Nordmann et Joachim Schummer (dir.), *Discovering the Nanoscale*. Voir aussi Bernadette Bensaude-Vincent, *Se libérer de la matière?*
8. Il faut préciser que les dimensions de contrôle et d'opérationnalité propres au savoir technoscientifique sont déjà intégrées dans certaines définitions officielles de la nanoscience, comme celle de la CEST : « Étude scientifique, à l'échelle des atomes et des molécules, de structures moléculaires qui comportent au moins une dimension mesurant entre 1 et 100 nanomètres, qui possèdent des propriétés physicochimiques particulières exploitables, et qui peuvent faire l'objet de manipulation et d'opération de contrôle. » Commission de l'éthique de la science et de la technologie, *Éthique et Nanotechnologies*, p. 80.
9. Sur la question des origines historiques de la technoscience contemporaine, voir l'ouvrage déjà cité de Bernadette Bensaude-Vincent, *Les Vertiges de la technoscience*.
10. *Ibid.*, p. 37.

CHAPITRE 5 • LES ENJEUX STRATÉGIQUES DE LA NANOÉCONOMIE

1. Patrick McCray, « Will Small Be Beautiful? Making Policies for

Our Nanotech Future », *History and Technology*, vol. 21, n° 2 (juin 2005), p. 177-203.
2. Joachim Schummer, « Societal and Ethical Implications of Nanotechnology ».
3. Voir www.minatec.com (consulté le 29 novembre 2009).
4. Conseil de la science et de la technologie, *Les Nanotechnologies. La maîtrise de l'infiniment petit.*
5. www.nanoquebec.ca (consulté le 28 septembre 2009).
6. Joachim Schummer, « Societal and Ethical Implications of Nanotechnology ».
7. Patrick McCray, « Will Small Be Beautiful ? », p. 184.
8. Françoise Roure, « Économie internationale des nanotechnologies et initiatives publiques », *Annales des mines*, février 2004, p. 5.
9. NanoQuébec, *Le Portrait des nanotechnologies au Québec*, 2004, en ligne : www.nanoquebec.ca (consulté le 29 novembre 2009).
10. David M. Berube, *Nano-Hype: The Truth Behind the Nanotechnology Buzz*, New York, Prometheus Books, 2006, p. 126.
11. Sur cette question, voir la définition de la mission de NanoQuébec sur le site Internet de l'organisme : www.nanoquebec.ca (consulté le 29 novembre 2009).
12. Voir à ce sujet Kasia Kurek, Peter A. T. M. Geurts et Hans E. Roosendaal, « The Research Entrepreneur : Strategic Positioning of the Researcher in His Societal Environment », *Science and Public Policy*, vol. 34, n° 7 (août 2007), p. 501-513.
13. Joachim Schummer, « Societal and Ethical Implications of Nanotechnology », p. 10.

CHAPITRE 6 • LA PUISSANCE DES *NANOS* AU SERVICE DES MILITAIRES

1. Alain de Neve, « Nanotechnologies : quels enjeux industriels, militaires et géostratégiques ? », *Automates intelligents*, 2 juillet 2006, en ligne : www.automatesintelligents.com/echanges/2006/juil/deneve.html (consulté le 6 octobre 2009).

2. Dominique Vinck, *Les Nanotechnologies*, p. 67-68.
3. Sur cette question, voir le premier chapitre de Céline Lafontaine, *L'Empire cybernétique*.
4. Manfred E. Clynes et Nathan S. Kline, « Cyborgs and Space », *Astronautics*, septembre 1960, p. 27-31.
5. Alain de Neve, « Nanotechnologies : quels enjeux industriels, militaires et géostratégiques ? ».
6. Dominique Vinck, *Les Nanotechnologies*, p. 67.

CHAPITRE 7 • DE LA NANOMÉDECINE AUX ENJEUX ÉTHIQUES

1. Michèle Jean, « Nanotechnologies et nanomédecine. État de la réflexion éthique au niveau international : l'exemple de l'Unesco », dans Christian Hervé *et al.* (dir.), *La Nanomédecine. Enjeux éthiques, juridiques et normatifs*, Paris, Dalloz, 2007, p. 9-20. Voir aussi sur cette question Céline Lafontaine, *La Société postmortelle*.
2. Mihail C. Roco et William Sims Bainbridge (dir.), *Converging Technologies for Improving Human Performance*.
3. Commission de l'éthique de la science et de la technologie du Québec, *Éthique et Nanotechnologies*, p. 58.
4. *Idem*.
5. Thérèse Leroux, « Le principe de précaution et le questionnement que suscite la nanomédecine », dans Christian Hervé *et al.* (dir.), *La Nanomédecine*, p. 36.
6. NanoQuébec, www.nanoquebec.ca (consulté le 29 novembre 2009).
7. Dominique Vinck, *Les Nanotechnologies*, p. 86.
8. Commission de l'éthique de la science et de la technologie du Québec, *Éthique et Nanotechnologies*.
9. Dominique Vinck, *Les Nanotechnologies*, p. 81.

Table des matières

Remerciements	7
Introduction	9
CHAPITRE 1 • L'univers *nano*. Les enjeux d'une définition	15
CHAPITRE 2 • Entre nanoscience et nanofiction	35
CHAPITRE 3 • Nature, technique et nanotechnologies : aux frontières de l'hybridité	55
CHAPITRE 4 • Un modèle parfait de technoscience	77
CHAPITRE 5 • Les enjeux stratégiques de la nanoéconomie	95
CHAPITRE 6 • La puissance des *nanos* au service des militaires	115
CHAPITRE 7 • De la nanomédecine aux enjeux éthiques	127
Conclusion	141
Notes	145

CRÉDITS ET REMERCIEMENTS

Les Éditions du Boréal reconnaissent l'aide financière du gouvernement du Canada par l'entremise du Programme d'aide au développement de l'industrie de l'édition (PADIÉ) pour ses activités d'édition et remercient le Conseil des Arts du Canada pour son soutien financier.

Les Éditions du Boréal sont inscrites au Programme d'aide aux entreprises du livre et de l'édition spécialisée de la SODEC et bénéficient du Programme de crédit d'impôt pour l'édition de livres du gouvernement du Québec.

Couverture : Yan Breuleux, image tirée de « La Tempête ».

Ce livre a été imprimé sur du papier 100 % postconsommation,
traité sans chlore, certifié ÉcoLogo
et fabriqué dans une usine fonctionnant au biogaz.

MISE EN PAGES ET TYPOGRAPHIE :
LES ÉDITIONS DU BORÉAL

ACHEVÉ D'IMPRIMER EN MARS 2010
SUR LES PRESSES DE MARQUIS IMPRIMEUR
À CAP-SAINT-IGNACE (QUÉBEC).